素與練

EVERYDAY STYLE FOR

YOURSELF

目錄

目錄

日常的衣服

目錄

序
穿衣服是一件映照內心的事

衣服是我們面對世界的態度。這是一本給普通人的日常美學穿搭書。

學習放下對「美」的執念和負擔，穿上一件衣服之後，忘記它。將穿上這件衣服的自己投入到每一天的生活裡，讀書、寫字、工作、帶小孩、見朋友……做這一切的時候，懷著放鬆的心情，而不是老在想：哎呀，我這樣穿太好看了，或者，太不好看了。

說到底，希望大家能透過這本書學習實踐「怎樣穿衣服」，但最終的目的是從「怎樣穿衣服」這件事中解放出來。

穿漂亮衣服並不會讓你一下子就變得好看，好看的是你自由又自律的姿態，是你的經歷和想像力。

序

是衣服穿在我身上，還是我穿上了一件衣服？仔細想想，這兩句話有點不一樣。衣服和人，人永遠是第一位的。一件掛在衣櫃裡的衣服只是半成品，是穿衣服的人最終完成了它。

　　衣服和人是相互塑造的。千利休「茶道七則」中有一則就是「如花在野」（花は野にあるように），意思是花要插得如在原野中綻放。如果我們用這句話聯想一下穿衣服這件事，就會明白人、衣服和環境的關係。事物各歸其位，呈現出自然而然的美，衣服穿在人身上，而人在環境裡。

　　我希望向你講述的，是日常的衣服。襯衫、牛仔褲、羊毛開衫、條紋 T 恤、風衣，這些每個女人衣櫃裡都有的普通款，如何搭配出屬於自己的風格？

　　同時身為一位服裝品牌的所有者，我也在表達對不同材料的理解：亞麻有粗陶般隨和又大氣的質感，純棉像一個最了解你的同性好友，草木染色帶給我們與大自然最親密的連接，而真絲則是每個女人獻給自己的一份溫柔……

　　我們還要學習一些色彩知識，每一種色彩的表情是什麼？黑白配、同色系、撞色搭需要掌握哪些要義？藍色僅僅代表寧靜嗎？高調的紅如何搭出沉靜優雅？

序

一開始，我打算把書名定為《普通美》。這三個字準確表達了我關於穿衣服的美學主張。普通美不是不追求美，而是適度的美，是在處理人、衣服和環境的關係過程中達到的一種放鬆又舒服的美；是「這樣就好」，而不是「這樣很好」。

把這個書名告訴了我尊敬並喜歡的作家潔塵姐，希望得到她的意見，她告訴我：「『普通美』三個字雖然準確，但從文學的意味上講，它太確定了，太『實』了，沒有空間和張力，不如我們再想想有沒有更好的。」

這次對話發生在 6 月一個陽光明媚的下午。這之後的很多個白天和晚上，我都被書名的事困擾，直到某一天的深夜 1 點，三個字突然冒了出來：素與練。

「素」和「練」在古代都指白色的絹帛。「素」指白色、素色，「練」有替面料染色的意思。兩個字放在一起，「素與練」，似乎有一種千錘百鍊、翻越萬水千山後到達的意味，它是本來的、原初的美，是一種高級的樸素。

把這個想法說給朋友們聽，得到大家的一致贊同。潔塵姐說：「拋開妳前面的這些解釋，『素與練』，一聽就有意思，有我一向喜歡的『無理之妙』。」蔚紅姐則說：「小遠呀，妳和妳做的衣服給人的感覺就是『素與練』的氣質

呢！一種退讓但又通透的姿態。」還有人說：「『素與練』，很中國，但不是古老的中國，它從很遠的地方來，進入了日常⋯⋯」

之所以會想到這個名字，是因為我的兩個女兒一個叫小素，另一個叫小練呀！

普通人穿搭美學

衣服是我們面對世界的表情

當你讀到這本書的時候，我已經 40 歲了，或者更老一些。

在穿衣服這件事上，大約 35 歲以後，我才找到了屬於自己的風格並且放下對風格的執著。身為一個做衣服的人，同時也是穿衣服的人，我想在這本書裡和你分享我拿起並放下的過程。

穿衣服的進化之路就是找到自我的路。找到那個自己喜歡的、真正的自己，然後跟她說，這樣就好。

我也是慢慢才明白，衣服和人之間是相互塑造的。一個人並不是生來就知道自己穿什麼衣服好，風格也不是一兩天就能形成的，不是看到某位自己喜歡的明星穿什麼之後恍然大悟：哦，我今後就跟著她穿啦！當然不是。穿衣服的變化是一個人內心成長的顯現。女性在成長的路上，在向外擴展的同時，也需要向內探索，認識自我，穿衣服直接體現出我們的探索「成果」。難怪有人說，我們各自住在自己的衣服裡。

不說話不做事的時候，衣服就是我們面對世界的表情；在我們說話做事的時候，衣服則像一個好朋友，它陪伴我們，給予我們力量和溫柔，不停地傳遞一個訊息給我們：沒關係，放輕鬆。

我們常說，一個女人，愛美是天性。但是別忘記了，懶惰也是天性。在追求美的道路上，稍微用心一點，是為了去做一個更好的自己。要記得，心思花在哪裡，哪裡就能開出美妙的花朵。

讀到這裡，我想你應該意識到了，這本書不是指導穿搭或購買服裝的書。我更希望與大家分享的是穿衣服的「底層邏輯」。我認為講清楚這個，比具體指導怎麼穿衣服更重要。

接下來，是我的穿衣經驗 —— 一個 40 歲女人在自己人生經歷上總結出的著裝經驗，也許適合你，也許不適合。無論如何，你可以把我當作一面鏡子，用於觀照你自己的衣著和生活。

我又一次提到了自己 40 歲，老實說，這是一個讓我特別驕傲的數字，尤其在穿衣服這件事上，年齡帶給了我更豐富的感受和層次。謝天謝地，今天的我已經不需要追隨潮流了。我更自由了，更不在意規則了，更懂得拒絕

了，更知道自己是誰以及不是誰了。儘管我的生活還很忙碌，每天在小孩子和工作的圍繞下輾轉，我也迫切需要更多的自我空間，在遇到一些傷心的事情時也會遭受一定程度的心理危機，但是，我再也不怕一個人待著了。

夜晚，孩子們沉沉睡去，房間內和外面的世界都暗下來。而我點亮檯燈，開始閱讀或書寫。有時候站在書房的窗口，用力聞一聞樓下院子裡開得正好的月季花香。天涼了，我換上那套加了一層薄棉的家居服，走進廚房為自己煮一杯紅茶。這樣的時刻，身體圍於小小的房間，心卻去到了遙遠的地方。

一切都是剛剛好的樣子，「這樣就好」的樣子。

為什麼穿衣服？

提出這個問題是不是有點傻？誰敢不穿著衣服走在大街上啊，那是瘋了吧！衣服能遮蔽身體，防寒保暖，這是衣服這個物品作為物理屬性的存在，但衣服的「功能」不只如此。

衣服是人體的「第二層皮膚」。好的衣服都有「未完成」的意義，把最後一關創作留給穿衣服的人。人以衣服為媒介，與自己的身體對話，隨後進一步打開自己。

穿對了衣服，衣服可以給我們力量，讓我們覺得自己出色、美麗，也給予我們做一個更好的人的信心。好好穿衣服和好好吃飯、好好走路一樣，都是在日常中有意識地覺知「生活」這回事。

在市場經濟高度發達的今天，人們對商品的功能需求已經飽和，我要更好的、更刺激的、更新鮮的、更與眾不同的……今天的女性，可選擇的衣服空前豐富。

但從歷史的視角去看，女性的身體擁有今天這樣「想穿什麼就穿什麼」的自由，其實是歷盡艱難。別忘了就在二十世紀初，中國女性為了能把自己的雙腳放進三寸長的一雙可怕的鞋子裡，不得不從小用布帶纏裹雙腳，導致雙腳扭曲變形。

在十九世紀的歐洲，有舞女為了讓腰更細，透過手術切除好幾根肋骨。更早一些的十六世紀，鎧甲式的塑身衣是用鐵條製作的，用來強制矯正女性的體型。

今天的女性可以穿褲裝，這看起來再正常不過。但就在一戰之前，穿褲子還只是男人的專利。那時候的女人們裹著厚重的布料，「活在層層疊疊的花邊裡，每走一步都能聽見布料摩擦的響聲」（深井晃子《二十世紀流行的軌跡》）。

今時今日，中東一些國家的女人出門還不能露出面容，只能透過面前的一小塊網紗看外面的世界。被網紗遮蔽的，不僅僅是一張生動的臉。

這樣看來，女人穿衣服這件事從來不是女人自己說了算。在過去的漫長時間裡，女人被物化，甚至被商品化，在男權社會裡被當作觀賞的對象。穿著這件事，更多時候是用野蠻的力量對身體表面進行加工改造。

多麼幸運，在今天我們終於可以試著表達：女人的身體不是物品，女人的衣服也不是一塊包裝布。女人穿衣服，終於可以在不理會異性視線的前提下主動感受、思考、選擇，達成獨立個體的轉變。

衣服不僅僅是布料構成的包裹身體的東西，它更貼近精神，而非肉體。女人們，穿衣服時，請首先取悅你自己。

感受你自己的需求，你的衣著應該與你的生活息息相關。想讓自己開心時，我會用最高一級的認真打扮自己。挑選最喜歡的衣服，精心搭配，想像穿這身衣服出現的場合，說什麼話，做什麼事，見什麼人，會不會大笑，或者被一朵路邊小野花吸引、俯身觀看，又或者為一部電影流淚……在行走坐臥中，衣服像一位忠誠的好朋友，時時陪伴著我們。

但即使在這樣的認真時刻，我也希望我的一身衣服讓觀看者感到放鬆。穿衣服很重要，但相比穿衣服的人，衣服就沒那麼重要了。

請記住閃閃動人的應該是你自己，衣服正是為了幫助我們達成這一點而存在的。

　　一件新衣服只是半成品，是穿衣服的人最終完成了它。在鮮活的個體身上，我們看見了人賦予衣服以情感、溫度和生機。每當穿上一件中意的布衣，最好的方式就是忘記這件衣服，或者讓它像皮膚一樣成為自己的一部分。不再時刻看見它，也不再在意自己是否好看，意味著我們正深深地投入到眼前的某件事情裡。全然地投入，吃飯好好吃，說話好好說，一抬頭，3 月的櫻花開滿南山，還有什麼比這樣的狀態更美妙呢？

你了解自己的身體嗎？

　　于曉丹在《內衣課》這本書裡提到一個細節，身為設計師的她有時候會在 T 臺秀的後臺幫助模特兒換衣服，她發現在把身體裸露出來的一瞬間，即使再老練的模特兒，身體也會有短暫的僵硬，流露出隱約的脆弱。不知為什麼，我被她描述的這個細節打動了。

　　細細思考，我們每個人對身體的了解少得可憐，對身體的關照也少得可憐。瑜伽課上，老師會說，認識你的身體，聆聽它的需求，感受一呼一吸。但是下了課，我還是會忘記自己是由一具肉身構成的這一事實。尼采說：「離每個人最遠的，就是他自己。」這句話也完全適用於我們和身體的關係。

　　要知道，身體也有它的需求。我發現我的身體總是比大腦更早對外界做出反應。工作特別忙的時候，嘴唇會起泡；睡覺太晚，第二天心跳就會加速；被人誤會還辯解不清的時候，血液就會到達皮膚表面，彷彿隨時可以往外湧⋯⋯

　　如果我們帶著覺知身體的意識去生活，就會發現身體的存在是一個很大很大的事實。

　　2019 年秋天，我在北京上過為期一週的舞臺演員肢體訓練課。其中一個重要的訓練目的就是感知你的身體，讓身體作為一個工具幫助你「生活」在舞臺上。訓練的強度非常大，累得每天晚上上樓梯的時候腿都抬不起來。那些天，我強烈感受到：咦，原來我是有腿有腳的哦！回到飯店，用熱水沐浴身體的時候，皮膚與水的接觸也比之前的感受更為強烈。一邊洗澡一邊生出感慨：餘生要好好對待這副肉體啊。畢竟，幸運的話，我的靈魂還要住在這個身體裡好幾十年。

　　10 年前，我曾經遭遇過猝不及防的產後症候群。除了抑鬱，身體也有了突然的變化。夏天最炎熱的時候，我不能忍受睡覺時沒有被子蓋在身上，好像一旦去掉那塊有份量的「布」，身體就會失重。那時候我常感覺整個身體快要飄起來，從裡到外散發出可怕的涼意。雖然已經熱得流汗了，但不能開空調。嚴重的時候，除了留出呼吸用的鼻孔，全身上下都得裹著被子，被子給了我的身體安全感，好像只有這樣，我才能感知到自己是某種具體的存在。

　　這件極端的事情，如果有什麼正面意義，就是使我不

得不開始思考身體和衣物的關係。人的每一個動作都會造成衣服和身體的摩擦，讓我們意識到「身體」的存在。

曾經在〈小石潭記〉裡讀到一句詩：「皆若空遊無所依」，寫魚兒在水中游像在空中游動，什麼依靠也沒有。當時不太懂，但「無所依」三個字觸動了我，心中竟然生起莫名的傷感。衣服，就是讓一個人有所依吧。這麼想來，不會對體表有任何刺激的衣服失去了本身應有的意義。當今的手藝和技術已經能做出重量不足 10 克的超輕連衣裙了，但沒人想穿這種輕飄飄的衣服。

衣服服務的對象不是肉身，而是運動中的有機體。T臺上行走的模特兒能讓我們直觀認知到這一點，但標準的身材、漠然的表情又在提醒我們，那是一個「Model」，不是一個鮮活的具體的人。憑空想像一下，更吸引我的應該是模特兒們從 T 臺上走下去，在後臺打鬧、照鏡子、換衣服、和好朋友分享零食、打電話給自己心愛的人……又或者是他們在換衣服時，那一瞬間的脆弱。

穿在身上的衣服構成了一個鮮活的人的一部分。它們時而與身體緊張對抗，時而像繭一樣溫柔地包裹著身體。它們可能是柔軟面料的堆疊，也可能在皮膚與面料之間形成縫隙，蘊藏著空氣。

　　身體和衣服的關係就是這樣一種美妙的存在，讓我們和身體做朋友、和衣服做朋友吧。

為什麼總是少一件？

當一個女孩子在你面前嚷嚷：哎呀，沒有衣服穿了。這並不表示她的衣櫃裡沒有衣服了，相反，很可能是衣服太多，卻又不知如何選擇。為什麼我們總是覺得自己少一件衣服？

10 年前我有過一次「刻骨銘心」的逛街經歷，準確說是陪逛經歷，妹妹貝殼大學畢業想買一套面試穿的衣服，我陪她。她後來用文字記下了當時的情景：

走了幾條街，看上的嫌貴，便宜的看不上，直接把陪在一旁的遠遠逛哭，眼看服裝店一家接一家打烊，惹得她又急又氣。

貝殼這樣解釋她當時的心理動機：「那時的我剛剛畢業，特別在乎 CP 值，願意花時間挑選最值得下手的東西。在淘寶上買一件衣服，前後歷時一週，看評論、找同款、比價格，還要等活動打折。印象裡某次花九十八元買了一件圖片看起來有品味、等級高的紅外套，到手後卻直呼上當，一次都沒穿，轉手送給了老家的親戚。」

　　貝殼提到 CP 值的考慮是一方面，但我覺得，更重要的一點是她不知道自己適合什麼。因為對自身缺乏認知，有人會買不到衣服，也有人會買一大堆回家卻挑不出一件能穿的。貝殼是前者，而我當然屬於後者。那天的陪逛，貝殼一件沒買，而我買了一大堆（我的又急又氣多半來自此事），事實上拿回家真正穿上身的也沒有幾件。

　　據說一位專業私人購物顧問在面對客戶時，會希望客戶回答這些問題：

　　你優先考慮的是什麼？你想要達到什麼樣的結果和目標？

　　你的身材和生活方式最近改變過嗎？

　　你常穿的衣服有哪些？哪件衣服不在衣櫥裡時你會十分想念？

　　你怎麼形容自己的風格？

　　你準備接受全新的造型或者嘗試一些新單品嗎？

　　我認為這些問題還遠遠不夠，我們試著再加上下面的問題：

　　你喜歡聽的音樂有哪些？

　　你最愛讀哪位作家的作品？

你家裡的裝修是什麼樣子？

你喜歡喝咖啡還是茶？

你家床單的材質是什麼？

你出門喜歡騎車還是開車，會考慮搭捷運嗎⋯⋯

這個清單還可以一直列下去，但在這裡我打算省略了。這是你自己需要提問並回答的部分，需要你「審視自己的生活」。一個人怎樣生活，怎樣為人，有怎樣的觀念，決定了他會怎樣穿衣服。沒錯，穿衣服其實是一個人的活法，是人格的顯影，是身體所處的空間氛圍和它的感官狀態。

衣服不應該被短暫的潮流趨勢所擺布，它是從容而具有個人特徵的。如果真有「風格」這回事，那風格就是完美駕馭服裝的能力。好的穿著讓穿著者的風采不被著裝所掩蓋，更不會把你變成另一個人。

在變美的成本變得越來越低，化妝術、醫療美容如此發達的今天，「漂亮」不再是稀有資源。那我們還需要什麼？身材的管理、氣質的修練、屬於自己的風格，這些才是值得努力的方向。我希望大家勇敢面對自己的衣著，同時保持得體。我想讓自己舒服，同時對他人友好。把自己

打扮得好看，是權利，也是面對世界的義務。

外表和別人差不多，是一個人身為社會的一分子存在的規則，可是外表和別人完全相同，又不可能作為獨特個體出現了。所以，人們追求風格，希望在大世界裡做那個獨一無二的自己。

需要振奮精神在人群中脫穎而出的時刻當然有，但也有很多時候，我們想透過穿衣服把自己藏起來。我們希望穿得和別人基本一樣，這樣能保證不引人注目地默默度日。可是我們又想追求一些不一樣。那些屬於自己才有的小心思，它溫和無刺激，獨立又謙遜。

穿衣服是在人群中、在環境中、在時間和空間裡，追求那一點微妙的平衡。

我的穿衣進化史

16 歲那年的暑假，我瞞著父母走進了一間地下室酒吧，不是去喝酒，而是去做酒吧服務生，賺取人生第一筆工作報酬。

那一個月，每天接近午夜客人才離開，整理、打掃完畢已經是深夜一、兩點了，走出地下室，小城的夜晚只有幾盞路燈還亮著。

一個月後我拿到薪資，捧著鈔票從地下室出來，蹦跳著上了地面臺階，轉個彎走進那座城市最繁華的一條購物街，買下一件襯衫和一雙鞋子。

我記得襯衫是針織面料的，灰白色，長及大腿，準確說是一件外套，只是領口是襯衫樣式，裡面搭配 T 恤穿的那種。那雙鞋子是沒有打磨過的牛皮繫帶鞋，有點像現在的馬丁鞋，但還要粗糙些（我後來高度懷疑那就是一雙男鞋）。這身行頭你看出來了吧，1990 年代的非主流。16 歲真是個妙不可言的年齡，我穿著這身衣服，走在那座山區小城的烈日下，每邁出一步都彷彿正在實現理想。

　　24 歲，我在一所高校任教，走在校園裡常常被人認成學生。餐廳打飯，餐廳師傅也總對我大吼：「同學，今天要不要加回鍋肉。」我心裡很懊惱，於是總把自己做老氣打扮，被人喊一聲老師就開心半天。那時候的標配：深色西裝配黑色漆皮高跟鞋，頭髮梳得一絲不亂，還要隨身拿個公事包。那時候我也特別希望自己的工作被認可，當班主任、做教學祕書、當系主任助理，每一項工作認真面對，希望自己有一天能走上講臺。一年多後真的上了講臺，反倒輕鬆隨意了很多，站在講臺上，為了和同學們打成一片，也會穿得休閒些。

　　後來到電視臺上班，儘管自己對名牌、奢侈品毫無興趣，但身為電視臺主播，很難不被風氣裹挾。同事們在辦公室談論哪個品牌打折了，哪個品牌出限量款了，我也會跟著湊熱鬧，結果就是買回一堆根本不穿還特別貴的衣服，衣櫃裡擠滿了各種品牌的套裝、裙裝，當然還有因為工作需要購買的晚禮服、七吋高跟鞋、閃閃發光的各種配飾……這一堆東西的作用類似於制服，不過是在表達「我跟大家都一樣」。

　　我也有舉止不合常規的時候，因為工作留了好些年的長髮，有一天不知怎麼膩了，走進理髮店讓理髮師幫我理了個近似寸頭的髮型。結果當天上完直播就接到主管的電話，要我休息三個月，「頭髮長長了再上班」。下了班我就走進一家照相館拍下了自己留寸頭的樣子，心想這一輩子大概也就這麼一次超級短髮了。

　　28 歲，一本雜誌組一篇稿件，主題是「打開女主播的手袋」，邀請我帶上自己最心愛的包包拍一組照片。我那時剛好用棒針織好了一隻毛線手提袋，粉色撞灰色，有辮子花紋，為防止變形裡層還做了棉布內包。我就帶著這個手提袋去參加拍攝了。那期報導發出來，一共有四、五位主播，其他主播提的都是商場專櫃裡的大品牌，

Hermès、Coach、LV……只有我，提著個毛線包包笑開了花。

意外的是，雜誌被很多人看到，且我的包讓他們留下深刻印象。直到去年還有讀者跟我說：我第一次認識妳，是在十多年前的《新潮生活週刊》，妳提著自己做的包包的樣子真是又酷又美！

30歲出頭，我先後辭去高校教職和電視臺工作，做起了自己的服裝工作室。工作環境發生了巨大變化，很多時候都是一個人待在工作室裡，對著電腦或縫紉機；即使出門，見的也是親近的朋友。這段時期的著裝完全是「報復式反彈」，穿的都是自己製作的寬鬆衣服，標配是平底鞋加上不收腰的（誇張的）袍子。有一次參加活動，見到一位好朋友，她見我「披著一張床單飄過來」，說：「我的天，妳這是透過服裝表現叛逆啊！」

「叛逆」這兩個字被她講得很可愛，我也不得不承認，她說得很準確。確實就是這樣，辭去工作之後，心理上得到前所未有的解放，再也不用打卡了，再也不用穿「恨天高」了，再也不用挺胸收腹站在臺上說編輯寫好的「流暢的廢話」了。當時的我，內心雀躍，對未來有希冀，新生活的大門正向我敞開。這種狀態下，不束縛身體

的袍子自然就是最好的選擇。從體制內到體制外，還有什麼比甩掉「制服」更爽的呢？

（剛學會做衣服，袍子是最沒有技術難度的啦！）

如今，距離品牌創立已經過去十個年頭，這十年，穿衣服也經歷了很多變化，準確地說是「進化」，又一次要忍不住感嘆自己 40 歲了。

40 歲真好，前所未有的自由、放鬆和不用努力就能達到的幽默。

《愛在瘟疫蔓延時》裡，馬奎斯寫老年達薩：「她因年齡而減損的，又因性格而彌補回來，更因勤勞而贏得了更多。她覺得現在這樣很好：那穿鐵絲緊身胸衣、束起腰身、用布片將臀部墊高的歲月已經一去不復返了。」

做衣服是無中生有

不久前貝殼發給我一張她小時候的照片，照片裡她站在小學教室門口，穿著一件黑白格子背心配紫灰色連身裙，這身衣服一下子把我拉回 20 多年前。

貝殼照片裡所穿的背心，是我第一次「設計」的衣服。記得應該是貝殼 11 歲生日，我在紙上畫了兩套衣服，都是三件式。上身是一樣的 V 領口背心配西裝，下身有區別，其中一套是給表妹的裙裝，另一套是給自己的褲裝（那個時候就注意到自己腿粗）。畫好以後，去鄉裡的裁縫鋪選面料，同時和師傅溝通。1990 年代的小山村，師傅大概是第一次面對一位自己畫圖的客人，而且還只是上國中一年級的小孩子。慶幸的是，看了我的圖，問了些問題之後她說：「可以的，我試試。」

量身定製的三件式，我們都穿了好多年。即使現在看來，這套衣服也不算過時，讓我有點意外的是一個 12 歲的小女孩，選擇了那麼酷的黑白格面料，那個年代不是流行花花綠綠嗎？

國二那年，我和兩位好朋友接到一個在當時特別重大的任務：主持全校藝文活動表演，還要跳一支小虎隊的舞蹈。我們又畫了一次「設計圖」，這回是一條吊帶褲，比較特別的是前胸有一個大大的蝴蝶結。這一回我們三個坐著公共汽車進市區找當時最「洋氣」的裁縫，還來回幾次試版，最終呈現出想要的效果（儘管蝴蝶結沒有我們希望的那麼大）。1990 年代初，三個小女生穿著那條紫色吊帶褲，踩著登山步出場，在臺上邊跳邊唱：讓那白雲看得見，讓那天空聽得見，誰也擦不掉我們許下的諾言……（說到這裡突然想起，前年我也做了一件後背有大蝴蝶結的裙子，原來一直有這個情結啊。）

時間再往前走，大約 28、29 歲吧，有很長一段時間，我下班回家都會坐在縫紉機前「玩布」。花幾個小時做一個口金包，為還沒出生的孩子縫製拼布小被子，又或者為自己做一條下廚用的圍裙。這些看起來特別「浪費時間」的事情，對我而言卻是莫大的快樂，我非常享受一個人待在一個空間裡，只與物品打交道的時光。說起來，我還真是一個只愛與事情和物品打交道的人，雖然那時做的是與人打交道的工作（主持人、老師），我也能夠在各種關係裡輕鬆應付，卻並不享受這些工作的過程。做主持人

的時候，收視率高，在大街上被人認出來，會有虛榮心被滿足的快樂；做老師，迎面走過來一群學生恭敬地叫聲「老師好」，也有被尊重的愉悅。但是，真的沒有那麼享受工作的過程。尤其做主持人，需要與各個職業種類配合，上場前與嘉賓寒暄（很多時候還是自己不感興趣的嘉賓，出於禮貌要裝出很好奇的樣子），這些事情，並不好玩。

但是做東西就不一樣了。從拿起工具和材料開始，整個人就特別自在，時間也過得特別快。

如果做一件事情，你希望得到的不僅僅是做這件事的最終結果，而是享受做事的過程，那應該就是熱愛了吧。

有一天逛商場，我想買一雙 T 字鞋，小時候特別想要又沒能擁有的那種牛皮鞋，最簡單的款式。逛了半天也沒選到合適的，都太花俏。我就想，是不是可以畫出來找人做呢？

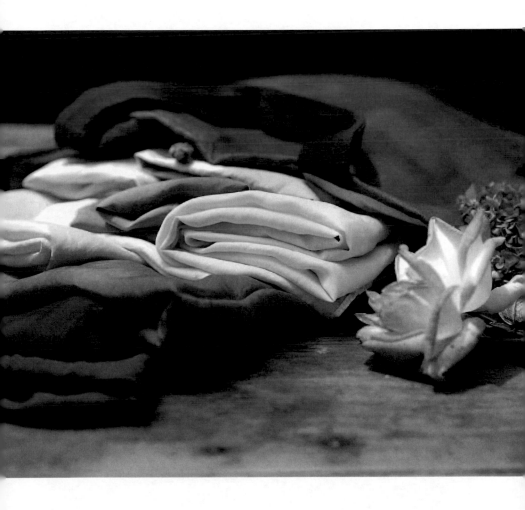

　　我畫了，但是手稿在那裡放了很久，因為身邊並沒有一位可以做鞋子的朋友。直到有一天逛郊區菜市場，出市場的時候，看到路邊一間小小的店面，門面上只寫了幾個字「皮鞋定做」。我完全出於好奇走了進去，不到 3 坪的小屋裡，貨架上擺著幾雙款式笨重老舊的皮鞋，有兩位上年紀的顧客正在試鞋。店面盡頭，灰暗燈光裡一位師傅正在忙碌。我對師傅說：「我這兒有幅圖，你能按照圖片製作一雙鞋子嗎？」師傅接過我的手機，看了我拍下來的手稿，抬頭大吼：「這個簡單啊！」

　　如今回想師傅的那聲大吼，有一種神奇的感受：人生中很多重要的時刻，都是些在當時看來平淡無奇的瞬間。

　　鞋子最終做出來了。我穿上它拍了照，發到網上。沒有想到的是，許多人看到照片後發表同樣的想法：啊，就是我一直想要但沒買到的那雙鞋子。就這樣，我開始一邊在電視臺上班，一邊「做東西」。也是從那個時候開始，內心漸漸意識到，也許下半生我會做一些和「製作」有關的事情。

　　我親手做的第一件衣服是一條連身裙，當時對打版和裁剪完全外行，怎麼做呢？我用了個最笨的辦法：

1. 認真仔細地拆掉家裡的一條連身裙，除了拆線，不破壞一點點面料，這樣就得到了幾大塊完整的裁片。

2. 把裁片放在一張紙板上，沿著邊畫線條，再沿畫線剪下紙樣。

3. 把紙樣平鋪在準備好的面料上，畫線後放出縫分，沿畫線剪下面料。

4. 縫製這條新裙子。

5. 把一開始拆下的裙子按原樣復原。

就這樣，我把一條裙子變成了兩條裙子，最重要的是，透過這樣一個過程明白了做衣服這回事。

選面料和配件，觸摸它們，想像做成一件衣服穿在自己身上的樣子，然後畫圖，與版師溝通，最後一件衣服誕生了。這個「無中生有」的過程幾乎可以用「神奇」兩個字來形容。

獨自製作衣服這件事持續了很短的時間，我迫切需要找人來幫忙。先是說動了從小一起長大的鄰居慧子，接著是表妹、好朋友、弟弟、弟媳……慢慢地，我們的「家族企業」就這樣建立起來了。這些企業合夥人，差不多都是

從穿開襠褲的年紀就在一起玩的人，小時候我們玩過扮家家酒，我最喜歡扮演的角色就是裁縫，貝殼最愛開商店。誰能想到長大了，我們還真就一起做起了衣服，開起了商店。

　　如今做的事和小時候沒什麼兩樣，還是感覺在扮家家酒，玩伴也還是那幫人，雖然也有很多新朋友，但大家的相處方式還是像小時候一樣簡單，這真是一件值得一輩子驕傲的事。

衣服沒有我們以為的那麼重要

　　有人說陽光房的衣服缺少「設計感」，我當這是表揚。我理解的設計不是標新立異，不是橫空出世，設計應該包含很多常識和基本的原則。

　　我們願意追求最不被人們注意的「尋常」。老老實實誠誠懇懇對待每一件具有「普通美」的衣服。在這個處處追求個性的時代，把「個性」隱藏在平常中。

　　做衣服是無中生有，任何創造都是。某一天對建築產生興趣，修一棟房子，是給人住的，透過建築把人從自然裡剝離出來，使人區別於自然界的其他生物。但同時又希望能讓進入建築裡的人與自然產生更好的連接。好的建築總是幫助人們離開自然，又回到自然。

　　衣服也一樣，衣服並沒有我們以為的那麼重要。身為一個做衣服的人，說出這句話多少需要點勇氣，但真的就是這樣啊。衣服是做給人穿的，衣服和人，人永遠排在第一位。衣著和外貌的重要性被誇大了，一個人有魅力，往往是從他忘記外表和衣著那一刻開始的。

　　拍照的時候，每當我過分在意自己在鏡頭前的樣子，拍出來總是彆扭的。而當我徹底把「樣子」放下，把「好看」放下，鏡頭才能捕捉到外表背後那個真正的、有靈魂的自我。這也就解釋了為什麼只有最親近的人才能拍出最好的我。在他們面前，我沒有一點防備，自然而然地接納自己和周遭，可能不夠漂亮，但也會讓人忘記「不夠漂亮」吧。

風格這回事

　　我想和你聊一聊我的媽媽，這還要從幾年前我和我爸的一場酒後暢談說起。

　　我爸來我生活的城市看我，我請他吃雲南汽鍋雞。幾杯酒下肚後，我突然問起：「爸，你當年喜歡我媽哪一點？」

　　我爸喝了一口酒，咂一下嘴，停頓幾秒，感覺他的思緒已經回到很多年前。果然，他眨了下眼睛回到現實，對身邊的女兒說：「這個啊，妳媽是當時我們村最愛乾淨的人。她喜歡穿白襯衫。」

　　我心想，在那樣的年代，一個農村女人每天下田工作，卻穿最不耐髒的白襯衫。每天下田工作會把襯衫弄髒吧，那就得經常洗。那時候可沒有洗衣機，洗衣粉都沒有，我小時候還用過皂角呢！物質匱乏，媽媽並沒有很多白襯衫吧，那麼僅有的兩三件白襯衫一定洗得好柔軟，面料表層磨出淡淡的絨毛⋯⋯

　　嗯，媽媽是個愛美、勤勞、用心過日子的女人，雖然

她脾氣不太好，嗓門大，但這多半也是爸爸慣出來的。一個愛乾淨、穿白襯衫的女人，無論日子多艱難，生活都不會差到哪裡去吧，因為她的內裡總在向上、向美，渴望過一種清清白白的人生。

金子光晴有首詩叫〈櫻花〉，是在哲學家鷲田清一的書裡讀到的，每次讀渾身都充滿了力量：

即使凋零
也不要忘記
作為女人的驕傲
作為女人的快樂
莫去扶起梯子，莫去提起水桶
莫穿髒了的褲子

我以為：用點心思把自己變美是一種禮貌，你有責任營造一個美的環境和自身，這是你自己的需要，也是世界對一個人的基本要求，美是責任，美是尊重，美也是道德。

　　我知道哪些服裝適合我，我也知道自己透過服裝想傳達什麼訊息。服裝是我最好的朋友，有時候它幫助我在人群中脫穎而出，有時候它讓我在某個角落身心安定，得以從容做自己。

　　了解自己的需要，了解自己的風格，懂得用服裝表達內在。只要找對方向，就不必把潮流放在心上，因為潮流只是片刻浮雲。

　　在穿衣服上，我們為什麼不能跟別人一樣呢？放下一定要將自己變得不一樣的負擔。衣服裡的和平、民主以及為他人考慮的心，做到了，同樣能帶來美感。

　　有時候我們為自己穿衣服，有時候為他人穿衣服。那些用心聆聽他人而不是只顧自己說個不停的人有不露聲色的好心意，也許當時你不覺得她有什麼了不起，可是事後想想，和一個這樣的人做朋友，是很珍貴的事情呢！

　　所以，我們說追求風格，表面看來是在設計自己的外表。事實上，風格有更多的底層邏輯。追求風格，絕不單單是為了彰顯自我。從裝點他人視線的思路出發設計的衣服一定很美。去茶館喝茶的時候，我們會想到茶館的環境、茶器的顏色和質感、桌上的插花……以此來考慮應該搭配的衣服，讓衣服和環境搭配，也是一種有公益心的「普通美」。

　　總而言之，簡單、隨意、慵懶與「不在乎」只隔了一層窗戶紙。花點心思在穿衣服這件事上，一個人的風格就體現在他與周遭環境的協調和細微的差異中。

　　在穿衣服這件事上，我還真是挺「以貌取人」的，並不是要穿得多好看、多華麗。我覺得一定要定義的話，這裡的「貌」是一個人認真對待自己後呈現在他人面前的那份耐心和從容。

　　我見過最有風格的女人都比較年長，歲月如果是一把刀，那也是一把雕刻刀。經歷讓一個人豐富，時間使一張臉呈現內在的精神長相。生來就有風格這想法是完全沒有道理的，風格需要練習，你應該去實踐、去玩、去犯錯，這能讓你更輕鬆地駕馭穿衣服這件事。

　　今年夏天的西藏行，我認識了一個叫「嫣」的女孩。見面沒多久，她展示她的網站購物紀錄給我看，是一長串遠家衣服的購買紀錄。她說：「已經好多年了，衣櫃裡有數不清的你家的衣服。」

　　她身上穿著的白裙子是去年夏天出的，有腰線但不收腰的寬鬆款，搭配黑色打底褲和馬丁靴，背一個牛皮雙肩包，長髮飄飄，溫柔又帥氣。

　　我問她：「為什麼喜歡我家衣服呢？」

　　「你家衣服第一眼看不覺得驚豔，但買回家特別適合穿，不是那種特別休閒的，週末穿沒問題，上班穿也不覺得奇怪，但又和日常通勤裝不一樣。」

　　「還有，你家的模特兒有好幾個，每個人都不一樣，她們讓我覺得我也可以。」

　　我被這深深的「懂得」感動。我們一直在做的，就是這樣的衣服呀！

　　做衣服給別人穿，當然也給自己穿。我們想穿什麼就做什麼，然後憑這件衣服去找到和我們一樣的人。對於「給自己做衣服」這件事，當然會懷著滿心的熱愛。而面對喜歡遠家衣服的這份「懂得」，我們想要把感謝和珍惜都縫進衣服裡。

　　遠家「模特兒」都不是專業的模特兒，我們就是生活中的你我他，不完美但足夠鮮活。做模特兒最多的小魚，本職工作是遠家產品經理，領唱是視覺部負責人，李慧是設計助理，貝殼是小個子的遠家掌櫃。這期新品我們出男裝了，穿著藍染 T 恤站在鏡頭前的小夥子，是新來的辦公室主任。

　　每次上新品，團隊都認真拍照、定外景、想主題、找靈感……但我們總在避免精緻和光滑，那種特別「生」的東西希望一直保持下去，我們希望表達出衣服在日常生活中應該有的樣子。

　　是的，我們做的是「日常的衣服」。

時間的哀愁

　　哲學家鷲田清一談到關於人的面孔：「沒有時間的折
磨，沒有時間的哀愁，也沒有時間的傷痕。這樣的東西，
恐怕不能算是一張面孔，只是一具無名的肉體，一具不屬
於任何一個人的肉體。」

　　衣服也如此。穿久了的衣服，面料上起一層短短的絨
毛，和人體上的汗毛有七八分相似，也許那也正是衣服用
來呼吸的管道。喜歡捲袖子的人，手腕處的布料會有對於
捲起高度的記憶；經常扣上又解開的扣子，扣眼會鬆弛到
一個可供扣子圓潤滑脫的程度；就連後脖頸衣領內側扎人
的商標，也會逐漸變得毫無存在感。

　　他又說：「穿舊的衣服常常讓我們感到時間的沉澱，
即便它本身並不特殊，也並非出於某知名設計師之手。時
間的沉澱，讓衣服擁有了面孔。」

　　也就是說，衣服和人一樣，都擁有自己的「面孔」，而讓這張面孔區別於另一張面孔的，是時間和經歷。

　　有天晚上下班回家的時候堵了很久的車，下車走路，不遠處走來和我穿一樣衣服的女孩，是那件藍底的喜鵲袍子。女孩低著頭行色匆匆，我獨自與她相遇又離開，車水馬龍的街頭，心裡笑開了花。「鬆弛又沉靜」，說的就是此刻吧。

　　一次新書讀者見面會，一位顧客（也是讀者）來參加，結束的時候主動走上前來問我住哪個飯店，說她可以送我去飯店。我跟在她後面，看著她穿一件黑色風衣好看的背影。這是我做的風衣呀，但此刻看來，像是別的一件衣服。衣服穿在她身上，有了更為生動的表情，屬於她的味道和氣場。

　　很多時候，我穿上一件自家的衣服去見朋友，她們都會說，哎呀，這件衣服你穿上怎麼比在網站上看到的好看多了。我想這不是她們在批評我們的服裝照片拍得不夠好，舊衣服就是比新衣服好看呀。我穿出去的衣服很可能被我穿了多次，擁有了屬於我自己的褶皺，變得柔軟，也可能有那麼一點點褪色⋯⋯

　　沒錯，我們的身體會配合衣服發生變化，衣服也會在

不同身體外形成自己獨有的樣子。

「時間漸漸風化，人體就是風化後的痕跡。」風格不僅是我們穿的服裝，也是我們行走的儀態、微笑的方式、眼裡的光彩。有時候風格還是一種超越話語的「語言」，它讓我們在人群中一眼找到同類，即使不說話也能達成交流。

抹去時間痕跡的臉面和身體就真的美麗嗎？沒有時間的折磨，沒有時間的哀愁，也沒有時間的傷痕。這樣的東西，恐怕不能算是一張面孔，只是一具無名的肉體，一具不屬於任何一個人的肉體。

衣服的老化與褶皺也可以不那麼單純，將時間縫入其中的設計完全可能成立。

為了顯得年輕穿衣服，反而會讓心變老。好看與女性魅力是兩碼事。我希望遠家製作的衣服也能達到這樣的效果，一件新衣服沒有「新氣」，穿上它，讓你覺得你在過去某個時間早就擁有了它；又像遇見一位老朋友，無須寒暄，一個會心的笑，不說話也不會覺得尷尬。

村上春樹在一本談寫作的書裡說過一段話：「我就是一個比比皆是的普通人，走在街頭並不會引人注目，在餐廳裡大多被領到糟糕的位置，如果沒有寫小說，大概不會

受到別人的關注，肯定會極為普通地度過極為普通的人生。我在日常生活中幾乎意識不到自己是個作家。」

讀這段的時候，我還挺有共鳴的。我也是個普普通通的人，總是被幸運之神眷顧，被身邊的人愛著護著。走到今天，偶爾也被人說「不一般」，大多數時候還是「很一般」，且能接受並學會享受這「很一般」。

實在應該好好珍惜啊！

其實還挺享受在人群裡安靜做自己的感覺。如果某一天穿了件特別好看的衣服，出現在某個場合，大家圍攏過來感嘆：「哎呀，你今天這件衣服太美啦！」那我會有點不自在。

一桌飯局，總有一兩個特別出脫的朋友，他們光彩奪目，不僅講話有趣，而且能掌控話題進度，讓所有人跟著他們的節奏走。我顯然做不了那樣的人。我是哪種呢？坐在角落觀看，偶爾說幾句話，一定是自己想說才說的。享受表達，也能靜下來傾聽，就是一個看起來很一般的人。

不一般的普通美

　　如果可能，我希望自己傳遞出一種普通的美，是人群中那個不耀眼，但是舒服的存在。

　　穿衣服是對自己在公開場合形象的構思和演繹，一個人選擇的衣服會直接暴露他在人際關係上的品味，以及他與社會保持距離的標準。有人盡量選擇不顯眼的著裝，有人卻偏愛奇裝異服，喜歡接近龐克風、惹人側目的衣服。

　　用心挑選衣服也許是為了在人群中脫穎而出，也許是為了遁形於茫茫人海。人有時會注重與他人的差異，有時卻把自己塞進人人都穿、與制服無異的衣服裡。無論如何，服裝必然會體現穿衣者的社會意識，以及穿衣者希望他人眼中的自己呈現出的形象。

　　有人說，時尚就像時代的空氣。何多苓在《天生是個審美的人》裡也說：「無視潮流是很容易的，超越它卻很難。」

　　處於這個時代，是我們無法迴避的事實。「時尚」就是時代風尚，了解它，審慎地參與它，與它保持一定的距離，足夠清醒地面對它。

穿對了衣服，我就想好好做人

迄今為止我印象最深的一句顧客評語是：穿上你家的衣服，我就想好好做人。

我理解這感覺，當你擁有一件喜歡的衣服，就像認識一位欣賞你或你欣賞的朋友，你總希望自己變得更好，以「匹配」這份欣賞。

所以，可以這麼講：一件適合自己的、美好的衣服鼓勵我們去做最好的那個自己。

我記得小練4歲的時候，我帶她去雲南找我的好朋友望野，望野在雲南鄉下建了一棟木房子。那天陽光明亮，田野上有燕子在飛，遠處山巒起伏，近處是平靜的洱海，當木房子出現在我和小練的視野裡時，小練大叫起來，她說她好喜歡木房子。木房子是望野四處尋覓廢舊老木料一點點搭建起來的，就在一片田野的盡頭，房前的草地上有隻狗在玩樂。小練被眼前的美景震懾了，她又問：「木房子和人一樣嗎，有生命嗎？」我想了想回答她說：「這房子是望野投入了她的愛和時間搭建起來的，在望野眼裡當然就是有生命的。同樣，如果妳愛一樣東西，這樣東西就是有生命的。」

　　從這個角度來說，衣服也是有生命的。所有投入了情感和時間的事物，都有自己的生命。

　　國三那年我媽為我織了一件鵝黃色的羊毛衫。還記得羊毛衫即將完工的那個星期天下午，我等著媽媽收完針打算穿上它去學校報到（我那時住校）。媽媽織啊織，太陽快落山了，終於聽她說一聲：「好了，試一下。」我穿上之後發現，媽媽用的棒針品質不太好，金屬外殼的顏色脫落下來，把鵝黃色的毛線染髒了，穿上衣服就看得見這裡一塊發黑，那裡一塊發灰。沒辦法，只好脫下來洗乾淨，毛衣掛在院子裡晾曬，我拿出一把大扇子使勁扇，想快點乾。媽媽說：「妳下周再回來穿嘛。」我哪裡等得了，一小時後，天擦黑了，毛衣還在滴著水，我就穿著滴水的毛衣走一小時夜路上學去了。

　　那件毛衣織得很大，我穿了很多年，穿不下的時候又送給了表妹小貝殼。

　　這就是「物質的精神性」吧，一件毛衣，有時間和情感的堆積，還有愛和祝福。

　　同樣，一件商場裡掛著的衣服只是物品，但如果用自己賺來的錢買下它，拿回家搭配別的衣服，穿上它去見朋友、工作、談戀愛、閱讀……讓它和我們一起去經歷愛戀

悲歡，你怎麼能說這件衣服僅僅是物質屬性的衣服？和掛在商場裡的時候相比，它有了生命，也就是說擁有了「物質的精神性」。

反過來想，如果「精神」是一把鑰匙，那我們要用它來打開的是物質世界的門。一個人精神世界的架構完成了，在面對物質的時候就有了一顆恆常的、穩定的心，既懂得愛物惜物，又知道適度擁有。

當我們談論優雅時，我們在談論什麼

準備一場主題是「優雅」的演講，聽者大多是女性創業者和政府機關公務員，主辦方在活動預告推文中用一句「高跟鞋在左，奶瓶在右」介紹我。

演講前一天晚上拿出一雙好多年不穿的細高跟鞋，心想人家都這麼寫了，幾百人的場合，又是這樣的主題，怎麼也得隆重些吧！

早上臨出門，還是把高跟鞋扔掉了。踩著平底鞋，白T恤紮在藍染褲裡，就這麼上場了。

什麼是優雅呢？這個詞很大，但我想優雅的前提是要自己舒服。現在的我早就穿不慣細高跟鞋了，有心理負擔，上臺的時候會擔心自己摔跤。本來當眾講話就緊張，還為自己製造個負擔，那不就更「話都不會說了」。

再回過頭想，優雅應該是先搞定了自己，再去處理自己和世界的關係吧。

一位朋友問我一個問題：誰是你心目中最優雅的人？我說是我奶奶。

　　奶奶今年 90 歲了，我從沒見她跟人急赤白臉過，對誰都溫和有禮。瘦瘦小小的個子，做什麼事都輕輕地，從不嘮叨，是一個完全不需要存在感的老太太。但不管她如何安靜，沒人會忘記她就在那兒。

　　十多年前我弟送她一隻銀手鐲，她戴上就再沒取下來。手鐲被她戴得好看極了，光亮柔潤，搭配她古銅色的皮膚，古老又有生機。我每次握住她的手，捂著鐲子就不捨得放開。她也就瞇著眼睛、抿著嘴回應我，她的手鬆弛又有力，溫度剛剛好。

　　她就是那種把自己的身心安頓得特別好，也能無條件向周遭釋放善意的人。看到奶奶的狀態，我會不自覺地感嘆：人生還是有希望。

一個溫和的人才可能優雅。反叛是一個人想「做自己」，是在追求個性，但一個做自己做得比較順利的人才是隨和的，看起來才能優雅。

另外，自信的人才會優雅，一個自卑的人在一個自信的人面前，多少會覺得自信的人得意忘形。換句話說，一個自卑的人是不太容易「見好」的，潛意識裡想挑刺，為的是維持自己那點可憐的自信：你看，他在某些方面還不如我呢！

李娟在《阿勒泰的角落》裡有段文字令我印象深刻：

她腳步自由，神情自由。自由就是自然吧？而她又多麼孤獨。自由就是孤獨吧？而她對這孤獨無所謂，自由就是對什麼都無所謂吧？

願你習得優雅，也擁有放鬆和自由。

服裝裡的儀式感

　　我們的品牌每年都會做「年味」系列服裝，到今年已經堅持了 10 年。彷彿是要把過去這一年累積儲蓄下的「喜慶」連本帶利一次性用光，反正都到春節了。

　　紅色當然就可以大張旗鼓地使用了，紅色變成了儀式，也變成了對自己的獎賞，任性又隆重。

　　說到儀式，我曾經在《豐收》這本書裡轉述過博物學家巴爾特拉姆記錄下的一個印第安人部落聖禮：

　　在收穫第一批果實那一天，全族的人打掃房子，集中所有可以拋棄的舊東西，把垃圾和舊東西一起倒在一個公共的空地上，用火燒掉它們。人們禁食三天，全部落的人都熄了火。禁食之時，同樣也禁絕了其他滿足。同時，大赦令宣布，一切罪人都可以回部落來，重新開始他們的生活。

　　在第四天清晨，廣場上生起了新的火焰……

　　這是我所知道的最真誠的儀式。這樣的儀式顯然不可能在當下發生了。現在各種儀式擠滿我們的生活，某家

店鋪開業，某個電影節頒獎，某個人物的生日會，感動
×××的人物評選……人們精心裝扮外表、醞釀說辭，
小孩子們唱著他們不太明白的頌歌。

　　但很少再有那種由儀式帶來的莊重和敬畏了。雖然我
們還有春節，但春節也只剩下大吃大喝了 —— 早已過了
物資匱乏的年代，卻還沒有建立起在精神世界裡的秩序。

　　懷念小時候過年穿新衣（一年也就只有過年這天才能
有一身裁剪合身的新衣服）。至今還記得小時候穿上新衣
服，提著一串鞭炮在村子裡晃蕩的喜悅。所以，我們想在
每一次的年味系列上架之時重溫小時候的歡喜，像個孩子
那樣對事物保持單純的愛，深深地浸入、真實地擁有這一
刻的生命。

　　越冷越要熱烈、越落寞越要歡慶、越孤獨越要豐富，
願每個悲觀主義者的心裡都開出倔強而高傲的花朵。

我想做給普通人穿的衣服

2015 年，遠家做了一場服裝發布會，主題叫做「女朋友們」。「女朋友們」這四個字我特別喜歡，最開始說起這個名字的時候，是計劃用於我們三個女朋友即將出版的一本書，把它作為書名。但是書還沒出版的時候就做了發布會，一切就這麼自然地發生了。

我覺得這四個字特別好玩。它有一點幽默的氣息在裡面，又有那麼一點女性主義，不是很極端的那種女性主義，卻有很多想像的空間。我們的這次發布會就是一次女性的聚會，和女朋友們一起剛剛好。

這場發布會不同於我們想像中的那些服裝發布會。其實我自己很少參加服裝發布會，我也不知道一場服裝發布會到底應該包括哪些元素，只是按照我們對服裝、對一場女性聚會的理解，憑著直覺就來做了。

發布會設置了一個很重要的環節，邀請一些女性嘉賓來做關於女性成長的主題演講。她們大都已經有了孩子，當了媽媽，不再是小女孩了，但是每個人都有自己特別女孩子的一面，她們從來都沒有放棄「自我的成長」。

　　菲朵是一位女性攝影師，她鏡頭下的女性各有其美，但同時都有她本人那種獨特的氣質、那種溫柔沉靜的力量。她講到女性的眼睛，女性怎樣透過書寫、攝影來療癒和成長。

　　Yoli 是一位水彩畫家、獨立教師。演講那天，她抱著自己才 28 天的兒子星貝來到臺上，講畫畫為她帶來的力量和成長，她展現給我們的是一個母親的形象，一個在成長當中非常勤奮、非常努力的女性的形象。

　　第三位嘉賓是丸子，她和她的先生經營一個以家庭和親子為主題的品牌「丸家」。她的故事呈現出一種日常生活之美，她的家庭為她帶來的力量，孩子為她帶來的力量，她所說的「讓夢想為生活買單」是非常貼近現實的一段宣言。你會看到女性在找回自我的同時，也可以擁有那麼完美的家庭生活。看到她會覺得生活非常美好，家庭生活也有它非常吸引人的地方。

　　孟想，我覺得她有一點神祕主義，她是《心探索》的創始主編，也研究塔羅牌、占星和星座。我覺得每一位女性身上其實都有這種跟自然、神性、神祕主義的連接，而孟想是這當中特別有代表性的一位，所以她的出現讓這個演講有點神祕主義的氣息，也有很強烈的女性氣息。

寧曼麗是我去貴州丹寨的時候認識的一位染布人。她帶領丹寨的那些畫娘一起做蠟染，做了好長時間。在那樣封閉的一個地方，她為當地的人帶去了希望，同時把這種傳統的手藝透過一種現代的方式保存了下來。我第一次去丹寨的時候，坐在車上聽她為我講她和畫娘的故事，非常感動。那時候就想，如果有機會，我一定要請曼姐到城裡來，跟所有的女性分享她認識的那些畫娘，還有她的工作、她的經歷。

陳奇是明月村的村主任。她講的是一種希望，一種未來可能出現的生活模式：我們可不可以生活在一個和自然、和故鄉有更多連接的地方，在他鄉種下一個故鄉。她講的內容也是我特別想要表達的東西，因為遠家也在明月村建設自己的故鄉，建設草木染的工坊。她講到明月村的緣起、發展，未來的鄉村生活是怎樣的，女性在鄉村生活裡能夠扮演什麼樣的角色等等。

　　這幾位嘉賓，雖然她們各自的經歷不一樣，但是她們都穿著遠家的衣服，講到各自的成長。這個場景在我夢中出現過很多次，一直期盼可以真的呈現出來，如今達成所願，感激她們的認真準備。

　　發布會當天我說，年輕的時候你會崇拜嚮往那些特別遙遠的東西，但是到了一定的年紀又發現，最值得你學習、尊敬、佩服、想要靠近的人，其實就在你身邊，身邊這些非常優秀的女性，應該讓更多人聽見和看見她們。

　　主題演講之後的發布會也做得特別好玩，我們沒有一個專業的模特兒，我們請來上臺走秀的這些女性，就是真真實實的「穿遠家衣服的人」。她們來自不同的職業，有辦公室白領、企業高階主管、和我們一樣在創業的人，也有沒有上班的全職媽媽，每一個人都是真真實實活在這個世界上的。她們如果有孩子，就帶著自己的孩子。如果她們願意帶著老公，老公也加入了模特兒的隊伍裡。我們的發布會有一種把生活放大在舞臺上給人看的感覺。

　　這完全不同於通常的走秀，但我更想看到的就是這樣的狀態：人和衣服成為一個整體，衣服就像是人的皮膚一樣，人穿上它，就成了一件流動中的作品。所有的模特兒就是真實的人，她們下定決心要來做陽光房模特兒的那一刻，美就已經產生了。

　　美不是說你要長得多完美、多漂亮，不是說你的身材要多好，而是由內而外發出一種自信、一種對生活的愛、一種積極的東西。哪怕你是害羞的、緊張的，但是你也是真實的、真誠的，是在袒露自己。

　　我不想把衣服做得有多漂亮，我只是想讓衣服變成人需要的一個東西。衣服和人，人當然才是最重要的。

　　「外觀的美麗是一件沒完沒了的事，不能過於執著。思索過多，就會生出不安全感。只有當這個念頭止息，真正的美感才會出來。」作為一篇寫在新衣服預告裡的文字，引用胡因夢這句話似乎是不合時宜的，但這句話確實表達了我心中所想，也是我希望透過品牌得以達成的願景之一。

　　當「好看」不再成為負擔，我們可以騰出精力來做更多值得做的事。穿衣服不是為了取悅別人，第一要義是舒服，是身心放鬆，是物我兩忘。

　　生命在時間維度上是有限的，糾結於好不好看，在穿衣鏡前躊躇不前總是可惜，不如把這個時間用來聽花開的聲音、閱讀、書寫、遠足、和相知的人促膝……

　　年歲見長，身處這物質過剩的世界，我們更希望一件新衣服在氣質上是「舊」的：彷彿在過去的某個時光裡，你早就擁有過它。像一位多年未見再次遇到也不覺得陌生

的老朋友，沒有尷尬，不需要刻意。

我記得那天發布會之後，打開微信看到我們工作室員工的微信群裡面有一位做衣服的工人（他沒有去現場，在工作室看了電視直播）在群裡發了一段話：「我今天有當初看奧運會那種激動的感覺，看到自己親手做的衣服，被這麼漂漂亮亮地穿在那些模特兒身上，然後在舞臺上展現的時候，我有一種想流淚的衝動。」

看到這位工人這樣說，我也特別感動，覺得在做衣服的過程裡面：先是由設計師設計出來，然後是製版師、樣衣師、裁剪工、縫紉工……經過不同的職業種類做成一件成衣，最後交到一個真真實實活在當下的普通人的手裡，她穿這件衣服走了出來。這個過程我們都經歷了，也看到了。參與這個過程的所有人，其實在那一刻都應該是幸福的，那是我們自己的「奧運會」，每一個人都會有想流淚的衝動。

日常的衣服

與草木有染

　　我是在 2012 年初第一次接觸到草木染色的，那年春天隨《中華手工》雜誌去日本進行為期半個月的工藝考察，在京都鄉下一間染色工坊裡學習扎染。當我們把處理好的布料扔進染缸的那一刻，我感覺到了一塊布的生命，在染液與面料的互動和吐納呼吸中，有時間無法操控的、特有的重量，那感覺太好了。

　　那之後我開始相信：時間與觸感的厚度，就在製作一件衣服所承襲的傳統中。

　　傳統的印染面料印有時間的痕跡。換句話說，經過草木染色的布是有面孔的。正因為如此，我們正視它的時候才會有心靈的觸動。

　　在快節奏的時代，消費快、浪費快、批次化的工業生產、便捷的化學染色，每一件產品不僅快，還「標準」且「完美」。但人從來不缺乏反思，當過度的工業化給地球和人類帶來傷害，當「完美」變得冰冷，我們又開始嚮往自然與溫度了。

草木染是手工作業，從發酵搗染到著色晾曬，人做一半，時間做一半，所以它慢；製作的過程受溫度、空氣、時間影響，每一件都不一樣，所以它靈氣、有溫度；草木染必須在純天然的面料上才能著色，從自然中來，完成使命，又回到自然中去，所以它有生命力並且環保。經過草木染的產品，即使隨著時間的流逝會褪色，即使偶有染色不均的瑕疵，也會自帶一種「來之不易，請珍惜」的分量。

日本行之後，我約同事們去了臺灣，在當地有名的卓也小屋和天染工坊學習，負責人在知道我們的來意後，說了一句：你們應該去貴州啊。

後來的人生裡有多種際遇，我終於和幾位朋友一同去了貴州。

貴州丹寨，走了那麼多路，好像就是為了有一天回到這裡。

剛到丹寨的第一個夜晚，在染坊吃飯，畫娘的歌聲淹沒了整個雨夜，晚飯結束走到大路口還聽見染房裡傳來的歌聲。除了山歌，還有〈老鼠愛大米〉—— 她們唱給客人聽，也唱給自己聽。她們勸客人喝酒，自己人也互相勸著喝，喝著喝著就唱了，唱著唱著又喝了。喝酒唱歌的時

候，藍染面料從天井垂下來，畫娘的小孩在樓梯口端著飯碗。同行的朋友說，這是一生難忘的夜晚。

聽染房負責人曼姐說，她們就是這樣的，會說話就會唱歌，就如她們天生會畫畫——那些繁複的圖案，從小畫到老，不用尺，不打草稿，一氣呵成，每一幅都不一樣。

染房裡最大的畫娘叫王優里勒，今年 73 歲了，沒有上過學，只會寫自己的名字，但她的畫美得讓人驚嘆，繁複又天真。曼姐說，年輕的畫娘裡很難找到畫成這樣的了，「因為她們的心再也沒有老阿媽那麼安靜」。

老阿媽身為非物質文化遺產傳承人，3 年前跟著曼姐去了深圳。下火車的時候是晚上，城市裡燈火輝煌，一輩子沒走出過山寨的阿媽看呆了，她說在很小的時候，媽媽告訴過她天上的樣子，到處都是星星和夜明珠，她覺得自己終於來到了天上。

一個多月前的一場意外，老阿媽失去了心愛的女兒，20 天後她就回到了染房。送她回染房的兒子說，只有回到這裡她才會活得開心點。

老阿媽的蠟畫，畫好後染色就是我們常見的蠟染，但染色前的樣子已經美得讓人驚嘆。很多人更願意買染色前

的蠟畫，拿回家裝裱了掛在牆上，因為這樣的半成品看得見手工的痕跡，「有老阿媽的溫度」。

我帶去幾件做好的素色衣服，說好要畫的位置，畫娘就開畫了。第二天，下擺一圈年輪，好像衣服本來就長成這樣似的。

染房裡有很大一個染缸，裡面的靛藍水已經使用 6 年了，每天畫娘們輪流照管染缸，讓它喝酒（發酵）、加水、補充靛藍膏，「它是有生命的有個性的，你不好好對它，染出的布就不對」。

靛藍是用一種叫蓼藍的植物熬製的靛藍膏。我們熟悉的板藍根就來自蓼藍，用蓼藍染成的衣服有殺菌、驅蟲、除濕的功效。在中國，藍染已經有 1,000 多年的歷史。丹寨人世代用藍草染布，用得最多的技法是蠟染，蠟染與絞纈（扎染）、夾纈（鏤空印花）並稱為中國古代三大印花技藝。「蠟」是用蜜蜂的蜂巢熬製而成，加熱後變成液體畫在布上，染色之後再高溫去蠟，布面上就會出現留白的圖案。

這最初的顏色，地老天荒，自然的意志和溫柔都在工作中呈現。藍與白，突然之間，你知道了生命的來處。

2015 年，我和同事們在成都鄉下一個叫明月村的地方建起了屬於遠家的草木染工房。從種植一株藍草開始，到提煉染料，將大自然的美意呈現在面料上，最終做成一件穿在身體上的衣服。明月村美好的自然環境給了我們無數靈感和動力，去踐行我們對於衣服和生活的理想。

在明月村，用大自然裡的草木萃取染料，染棉麻布衣。染水在面料上自然流走，先人留下的智慧在今天發光。

每一塊布都是好的，每一個花紋都是美的，就像大樹的分叉和結疤那樣自然又獨一無二的美。在採摘藍草的時候，我們就是藍草；在觸摸布匹的時候，我們就是布匹；在把面料放進染缸時，我們也就融入染液……自我消失了，每個瞬間都在與什麼相遇，都皈依於自然。

透過在鄉村裡的學習和生活，我們的身體裡充滿天地一樣廣闊的未知。認真染一塊布，用心吃一頓飯，從鄉村的智慧中獲得力量，擁抱當下。

這個世界上有很多美景，壯闊的、蒼茫的、精緻的、婉約的等等，但是明月村跟所有的美景都不一樣，明月

村是日常的，甚至我們可以說它是普通的，它有一種普通美。

每一次我從城裡出發，上高速，下高速，我的車一拐進明月村村道的時候，兩旁是松樹、竹林、油菜花田，我會突然有一種被安慰了的感覺。我想這種感覺就是找回了自己的生活，因為這裡有生活本來應該有的樣子，只是這種本來應該有的樣子，已經被我們丟掉太久了。

除了自身產品的開發，我們還把針對普通人的「草木染體驗課程」設在村莊裡。其實學習草木染只是我們其中的一個課程，是一個通道，最終的目的是透過學習草木染，學習怎樣走進最真實的生活。

一天裡的每一個經歷都是在學習，學習和同伴合作，學習去觀察這裡的自然、天氣、植物，學習了解這些工具的使用，甚至還要學習怎樣去吃飯。

　　到了傍晚，一天的學習結束了，我們會在田野間布置一場精美的火鍋派對。在竹林和田野的映襯下，我們在一起狂歡，分享勞動之後的喜悅。之後我們又會進入一個很安靜的狀態，大家圍坐在一起相互交流，進入思考、整理的過程。最後當夜深人靜的時候，我們會擁有一個非常好的睡眠。

　　一個人如果處在一種簡單的工作裡面，他的身體和心靈就是完全合一的，就是那四個字 ——「身心合一」，一種非常舒服的狀態。事實上現在有太多人的身心是分離的，他們在做一件事情時可能想的是另外一件事，草木染的學習就是讓大家把身體和心靈結合起來，回到當下，回到此時此刻。

　　這一天好像就是在經歷人一生應該經歷的東西。早晨像個嬰兒一樣對這個世界敞開，然後慢慢成長，由中午到傍晚，會有生命最燦爛的時候，也會進入暮年，進入一個總結、思考的過程。

　　「草木染」的字面意思是：用草和木這些大自然賜予的材料為我們的純天然織物進行染色。其實我們在進行這些工作的時候，會對大自然生出更多的敬畏，也會驚嘆於大自然的神奇，其實自然已經給了我們所有需要的東西。

　　沒有打開那塊布之前真的想像不出來，我們究竟會染出一個什麼樣的作品。有的是我們能掌控的部分，而有的是我們沒有辦法掌控的部分，這個也像人生，有時候我們會收穫期望得到的東西，有時候也會有些意外，不管是好的還是壞的。

　　在明月村生活一天、兩天、三天，甚至更長的時間，在我看來不是逃避、不是隱居，而是生活本來的樣子。

　　在這裡生活幾天之後，不是說從此就要離開城市開始鄉村生活，而是我們從這樣一種日常的、普通的生活裡面獲得一種面對當下的力量，我們把這種力量收集起來，返回每天的生活裡。

　　是大自然的豐沛饋贈和悠長歲月留下來的智慧，托它們的福，我們才能在這兒做自己。鄉村生活有很多智慧，它們以不同的形式被留下來，被時光記載。我從這些不同的形態和言傳裡，尋找著最初的風景，找到了便置身其中，像觸摸到了一種連綿不絕的時代傳承，無聲而壯大。一個天才獨自的力量造就不了它，是無數時代裡無數雙手手手相傳，在無數形狀上留下的體溫和情意。

　　穿上一件草木染衣服，要記得這是來自大自然的美好心意。面料和染色都是天然的，也就擁有一些天然織物的

特性，比如手工染色過程中會因染色溫度、空氣、時間等差異，出現顏色不均的現象，每一件都不一樣；比如容易皺，不太好維護，需要單獨洗滌，會隨著時間的推移慢慢褪去原來飽滿的顏色。但如果你能正確認知，這些特性就不是缺點，而是禮物。

草木染衣物維護建議

天然草木染色，在清洗時會適當浮色，屬於正常現象，切勿長時間浸泡。

宜反面洗滌，初次清洗可用淡鹽水浸泡 3 分鐘，再輕柔手洗，陰涼晾乾。日常避免與淺色衣服搭配。

不穿時要清洗乾淨並晾乾，陰涼、乾燥、避光、避空氣保存。常穿時掛衣櫃裡，換季用塑膠袋密封保存。

白T恤，像早晨一樣清白

　　白T恤恐怕是世界上最友好的衣服了，它沒有性別，沒有年齡，散發出民主的、平和的美。白T恤配牛仔褲，搭裙裝、外套，幾乎不會有任何差錯。這麼些年，每當不知道穿什麼的時候，一件乾淨的白T恤能消除我所有的選擇焦慮。純棉的、親切的，又是清簡的，幾乎適應任何場合。

　　穿好一件白T恤，就像用心把每一個普通的日子過出光亮。把所有的花俏都藏起來，如同飄著白雲的天空，「一無所有，又給我安慰」。

　　好的白T恤首先是面料，太薄會透，不顯質感，太厚則會硬邦邦，失去柔和的線條。

　　這些年，我穿得最多的白T恤面料是長絨棉。長絨棉也叫海島棉，「長絨」說的就是纖維長度，纖維長度33mm以上才算長絨棉。而我們平常說「純棉」指的是細絨棉，纖維長度在25mm-31mm。一般用在T恤上的長絨棉有兩種：埃及棉和Pima棉。埃及棉有非常好的懸垂感，因此

可以免熨燙，在衣架上掛一個晚上就不皺了，並且結實耐穿韌性又好，不像一般的棉織品那麼容易變形。Pima 棉質感和埃及棉較為接近，秘魯產的最為優質，優於美國，而美國產的又多優於亞洲產的。所以同樣支數的紗線，埃及棉和 Pima 棉比普通棉花能紡進更多根纖維，成紗的強度更高、回彈性更好，也更耐磨。

另外，我也喜歡棉加上亞麻的混紡材料做成的白 T 恤，這種材質最好的一點是透氣濾汗，還會有一點點說不清道不明的東方氣息。還有棉和桑蠶絲的混紡，光澤度更好，但比較挑搭配。

版型也重要，無論寬大還是修身，好的版型和裁剪才禁得起細看。

看上去「一無所有」的白 T 恤，細節處的用心才能呈現整體上不經意的美。螺紋口與面料的搭配、後肩織帶的舒適度、合適的針距等，最終呈現出「這一件」和「那一件」的不一樣。

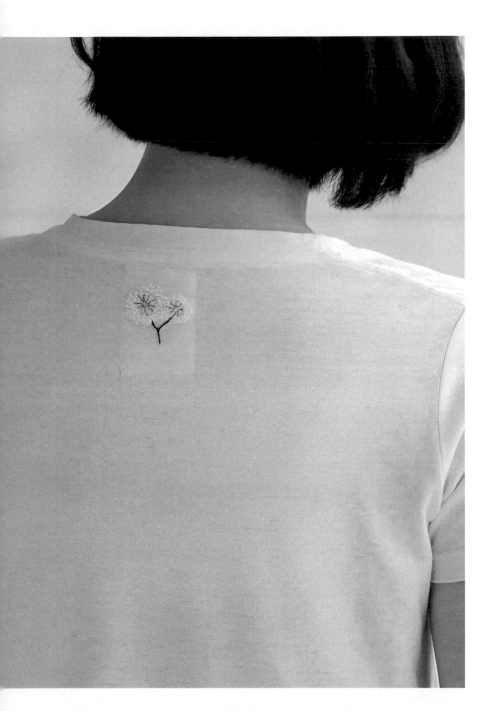

如果想要一點點性感，試試露出後背吧

這些年，每年都要做一款露背的裙子，最滿意的是一條拼布花紋後背 V 領的裙子，除了露背，還用樸實的藍色拼布面料做了大大的蝴蝶結，沉靜中有那麼點「永恆的少女」的意味。

同事麗華也做了一款純色棉麻露背裙，她把結打到了腰間，繫在前後都可以，後背露出的多少可以根據需要調節。裙子還能反過來當 V 領穿，可上班可休閒，舒服自在又顯腰身。

除去「怕風吹脊背受涼」的擔憂，一件正面看起來很「中正平和」的衣服，轉身能有那麼點「驚豔」是很有趣的。女人的背很美很性感，我希望人們意識到這一點。

一直以來，都在做尋常衣服給尋常人穿，沒有想過要在「做衣服」這件事上多麼「超出常規」，多麼有「個性」，但並不意味著我就是一個保守無趣的人。追求一點兒趣味，就像做菜時在一道中規中矩的回鍋肉裡加一點點甜麵醬，味道還是那個味道，但回味中有點小小的驚喜。

110

如果想要一點點性感，試試露出後背吧

111

豈日無衣，與子同袍

「袍」這個說法最先出現在漢代，《墨子・公孟篇》所稱：「縫衣博袍」，就是指漢代一種寬大的外衣之袍。「袍」一開始只作為朝中人士的禮儀用服，後來逐漸深入日常生活，幾千年來不斷演變成各種款式。而現在說「袍子」則多指寬鬆且不收腰也不開扣的長上衣。

穿袍子的女人就像一棵樹。一棵樹不想被任何東西束縛，只是在四季更迭中自由生長，做自己。從小到大，我們都在按照別人的要求做一個正確的人，我們受的教育、工作、他人的眼光、對成功的渴望……這一切促使我們活得正確，穿衣服當然也不例外，我們尤其害怕在著裝上跟別人不一樣。

某一天，自我開始覺醒，不想當個乖孩子了，不想只為取悅他人而活了，這個時候，你也許會愛上袍子，會想用衣著來解放自己，你會覺得「還有什麼比穿戴得規規矩矩更讓人厭煩？」。

袍子透過去女性化走向更深層的女性意識。女性之美

就在這靈動的、寬鬆的、若有若無的對身體的遮蔽和突顯中產生了。穿袍子的時候，可以不理會別人那一套規矩，活在「體制」之外，不被束縛在規章制度或思想內涵裡，不畏被關注，也不畏被忽視。

　　有時候會覺得女人穿袍子就是在發出宣言：我不在乎你們了。脫下細高跟鞋，扔掉束腰帶，袍子是叛逆的衣服，是一場關於女性身體的自我革命。當然，穿袍子的女人又是溫和的，她們只是想溫柔地、堅定地做自己。

旗袍

　　每個女人的衣櫥裡應該至少有一件旗袍。可能一年難得穿幾回，也可能只是偶爾一個人在家時，悄悄拿出來穿上，穿好後對著鏡子仔細端詳一會兒，想念一下過去的某個人某件事，然後脫下來，疊好，放回原來的位置，就像什麼也沒有發生過。

　　旗袍是有故事的衣服。

　　我有一位好朋友，她珍藏著一件 1930 年代留下來的手工旗袍，那是她媽媽留給她的，黑色細密錦緞上點綴著紅色的繡花。她媽媽也不是旗袍的第一位主人，幾十年前，她媽媽的婆婆，也就是她奶奶，第一次見到兒媳婦時送出的一份心意就是這件旗袍。時間再往回走，奶奶年輕的時候穿著這件旗袍走進婚姻。

　　別小看旗袍，它有生命。女人的親情、青春與愛戀都投影在上面了。時代更迭中，旗袍是一代代女人人生悲歡的見證。

　　說起旗袍的發端，大多數人的印象是清朝旗服演化而來。但這只是一種說法，只因了那個「旗」字。事實上旗袍的流行，還有一個原因是清末民初男女平權意識的高漲，尤其在五四運動前後，女性知識青年在校園中「男袍女穿」，我們現在能看到這一時期的老照片，女性穿著的旗袍確實和男人的長袍區別不大：寬鬆，不收腰，衣領也沒有後來的高。至於為什麼叫「旗袍」，是因為後來的旗袍在衣領、袖口等細節上更多偏向了旗服樣式，大家約定俗成就這麼叫開了。張愛玲在〈更衣記〉裡也專門寫道：「1921 年女人穿上的長袍是發源於滿洲的旗裝，女子蓄意模仿男子穿著的結果，初期的旗袍樣式是嚴冷方正，且具有清教徒風格的造型。」

　　服裝的演變是社會文化精神、時代風貌等多方作用的結果。但不管哪一種原因，有一點是共通的：旗袍的出現有它「革命」性的一面，是社會思潮的物質顯影。在旗袍出現之前，中國社會的女性穿衣服是上衣和下裝分開的，只有男人才能穿上下一體的長衫。穿上長衫（旗袍）的女人，就是新女性的代表。宋氏三姐妹還曾一起穿旗袍出現在公眾場合，號召大家做新時代女性，引發關注和眾多模仿者。

一開始，旗袍是作為女性的日常便服而存在的。女人們不論高矮胖瘦都可以把自己裝進一件旗袍裡。後來，旗袍越做越顯腰身，樣式越來越華麗，倒成了一些特殊行業從業者的專有。

改革開放後，旗袍再度回到日常，尤其在一些文學和影視作品加持下，它具有了某種「時間的美感」。從張愛玲的小說到王家衛的電影，再到近幾年許鞍華執導的《黃金時代》，旗袍都是一個鮮明的美學符號。

穿旗袍的我，會更在意節制與分寸感，不只是穿上旗袍後的舉止，也包括整個人由內而外的狀態。我因為這一點而愛上旗袍，別看一件簡單的旗袍，它給了我做一個好人的信心。

在今天，旗袍怎麼穿才好看又不顯得刻意呢？

不要穿太緊貼身體的旗袍，除非你今天要上臺領獎或主持單位年會。生活中的旗袍最好讓面料與皮膚之間相隔五公分的空氣。

我比較喜歡用混搭的方式，以沖淡旗袍過分的儀式感和某種制服氣質（比如飯店迎賓）。首先是材料的混搭：盡量不穿傳統花色面料製作的旗袍，真絲和繡花少用，彈力針織、棉麻等有出其不意的好感度，素色或格子、條

紋也更顯得簡單大方和隨意。然後是穿搭上的混搭：短旗袍加打底褲、旗袍配平底鞋都能造成很好的效果。春秋季節，旗袍配西裝外套也比針織外套更俐落。

　　穿旗袍一般是在春秋季節，或者冬天的室內。但建議最好不買長袖旗袍，短袖、中袖是最好的選擇。天氣微涼就搭外套或披肩。如果實在喜歡長袖，也只能長到七八分，太長就沒有旗袍本來的清雅氣質了。

　　需要配飾嗎？我的建議是越簡單越好，那種繞脖頸一圈的大粒珍珠項鍊就算了。

外套風衣，風雨中抱緊自由

　　對風衣的第一印象在若干年前，Beyond 樂隊在臺上唱：「今天只有殘留的軀殼，迎接光輝歲月，風雨中抱緊自由，一生經過徬徨的掙扎，自信可改變未來……」沒錯，黃家駒那時穿著一件風衣。

　　電影《北非諜影》中英格麗・褒曼穿著的中性款式的風衣，讓許多影迷迷戀不已，從此「工裝佳人」這個美好的稱呼成了她的代名詞。湯唯在電影《晚秋》裡也把風衣演繹得特別好，風衣是有些男性氣質的，所以一個長髮女人穿出來，會有一種混合的、複雜的美，又灑脫又浪漫，還有點大女人。

　　風衣是一款可以為身體帶來生動氣息的衣服。穿風衣好看的女人，會給人獨立、有主見的印象。

　　風衣也能為普普通通中規中矩的衣服帶來神采。牛仔褲加上白 T 恤，外面套一件風衣，就算沒有風，走在路上也是自由的姿態。在忽冷忽熱的春秋季，一件風衣隨意穿脫，風雨無阻。

　　風衣起源於第一次世界大戰時西部戰場的軍用大衣，又被稱為「戰壕服」，所以一件傳統的風衣是有「槍擋」的，也就是在前胸處多了一塊布，為了耐受握槍瞄準的時候槍座與面料的摩擦。背部還有一塊防水罩，也是因為戰時需要。現在一些品牌的風衣還保留了這兩個設計，但槍擋和防水罩會造成擴展上半身的效果，並不適合太胖的人。

　　不能選擇長超過小腿的風衣，一是不方便，二是顯矮。

　　如果你覺得風衣搭配細高跟鞋太成熟，那就試試平底鞋。

　　我的衣櫃裡有五件風衣，深藍色兩件，卡其色、軍綠色和焦糖色各一件。

　　深藍色的兩件，其中一件面料是重磅銅氨絲，有垂感，適合搭配通勤裝；另一件是牛仔丹寧布，日式工裝的效果。

　　卡其色風衣是基本款，有防雨功能，準確地說是一件風雨衣，帶有可拆卸的帽子，非常實用。有一年穿著它在北歐旅行的時候收到同伴們豔羨的眼光，北歐天氣多變，常常有突如其來的大雨，同行的朋友們要不是帶傘，就是

隨身背一件功能雨衣，收放不方便不說，還不好看。我這件雨衣呢，天晴的時候它就是一件風衣，下雨了也不用換掉，簡直不受壞天氣的影響。如果你希望自己的風衣好搭配，那最好選擇基本款，尤其推薦卡其色，它值得你穿十年八年。

軍綠色和焦糖色風衣是純棉質地，同款不同色，為了搭配不同的衣服。可見我有多愛風衣。

永不凋敝的牛仔褲

我是褲子控，長度至少要遮住小腿，因為小腿粗。

闊腿長褲顯腿長；七分褲露出腳踝，有不動聲色的小性感；褲裙兼具了裙子的曼妙和褲子的方便。要說我最喜歡哪種褲子，當然是牛仔褲啦！

牛仔褲，還是舊的好。不是說那種在水洗廠一遍又一遍洗出「做舊感」的牛仔褲，而是買到一條喜歡的牛仔褲，經常穿，年年穿，越穿越舊，越穿越軟，穿出和自己的身體相融的氣質，穿出真正的「時間的質感」。

最先是在 1853 年加利福尼亞淘金熱最風行的時候，有商人用滯銷的帆布為工人們製作耐磨的工裝褲，從此牛仔褲風靡開來。到現在，牛仔褲可以說是服裝界裡最平民也最民主的品類了。牛仔服裝一般給人一種牢固、粗獷且精神抖擻的感覺，工作與休閒均適宜。

牛仔褲是一年四季永不凋敝的「明星」，我的衣櫃裡有專門的「牛仔褲專欄」，裡面存放著這麼多年「養」出來的牛仔褲。最早一條距今已有 18 年了，用大學畢業後第一份領到的薪水買的。淺藍、直筒、緊身、有彈力，褲子

的大腿處有一次畫畫不小心抹上洗不掉的顏料，我還自己在上面手工繡了幾朵花。除去生孩子前後身體變形，每年我都會翻出來穿幾天。另一條 5 年前買的亞曼尼黑色牛仔褲，穿了兩年嫌褲腿太長，我拿剪刀剪成了七分褲，為防止開線，又在褲腿的四個前後拼接處用紅線手工鎖邊，現在的樣子，完全是另一條褲子了。

同時我也發現，這麼多年過去了，牛仔褲的樣式也還是那些，所以，流行趨勢不過是個兜兜轉轉的圓圈，不用太過在意。

牛仔褲本身已經很有「男友力」了，所以我不推薦大家穿那種過分鬆鬆垮垮的褲型。即使是寬鬆闊腿褲，臀部也一定要緊貼身體，顯出腰身來。所謂「闊腿」，闊的其實是大腿下半截以下的部分。

緊身牛仔褲的選擇也不要大意，千萬不要讓小腿肌肉的形狀顯露出來。所以過分有彈力的面料盡量不選擇。

傳統的牛仔褲多是靛藍色，但其實帆布色的牛仔更有別緻的美。

我曾經見過一位 70 多歲的老奶奶把一條牛仔褲穿得非常漂亮，所以，牛仔褲是沒有年齡感的。不過除非是自己不小心穿破了牛仔褲，還是不要選擇那種破洞設計吧，畢竟隨著年齡增長，那種設計過於刻意了。

穿上連身褲，就想舒展手腳

帶著幾分趣味和幽默感的連身長褲也是我的愛。儘管它在上廁所的時候會為我們帶來麻煩，但不用考慮上裝與下裝如何搭配，不是也節省了不少時間嘛！

電影《意外》裡，法蘭西絲除了獻上超水準的表演之外，還用一身工裝褲的造型給人留下深刻印象，那種「一個人對抗全世界」的孤單氣概，也多虧了連身工裝褲的加持。

不同的衣服確實能幫助我們進入不同的心境。穿上連身褲就想做事情，舒展筋骨，把全世界踩在腳下。據說連身長褲的起源是飛行員跳傘服，怪不得呢，那種從高空往下縱身一躍的姿態，真酷。

連身短褲則來源於維多利亞時期的一種少女衣服樣式。短袖、寬鬆的裁剪加上有點綁緊的短褲腿，在保證衣服透氣性和舒適性的同時便於活動。所以連身長褲和短褲是兩個相差很大的類型，當你想購買連身褲時，一定要想清楚你想要達到的效果是什麼。

　　同樣是連身褲，牛仔連身褲是工裝氣質，而碎花真絲連身褲就有點少女減齡感了。

　　工裝連身褲搭配馬丁鞋當然是最合適的，但也不妨試試反差美，一雙漆皮懶人鞋會有意想不到的效果。當然，如果圖方便，小白鞋是絕不會出差錯的。

　　另外，試試穿純色連身褲時搭配一條小方巾，繫在脖子上，或者包裹住頭髮，都會很精彩。但要記得一定用純棉或亞麻質地的，千萬不要那種亮亮的真絲或桑蠶絲的。

平底鞋，原諒我一生放縱不羈、愛自由

赤木明登在《造物有靈且美》這本書裡寫道：「每個人都有屬於自己的足型和步態，基本已成型，人活著往前走，就只能把腳妥協給這樣的鞋。而原本難道不應該是讓鞋子去適應腳嗎？」是啊，「鞋可是承載我們人生的重要工具」。

選鞋子最在意的前三位是：舒服，舒服，舒服。如果說穿衣服首先是為了取悅自己，那麼選擇一雙舒服的鞋子就是在對自己說「我愛你」了。我們的身體最需要關照的就是一雙腳，一雙好鞋能讓我們產生征服世界的信心。

我現在很少穿高跟鞋了，但也不是完全不穿，適度的跟高能讓身體挺拔，提醒我們保持好的體態，但那種明星模特兒們在紅毯秀場上穿的七吋高跟鞋還是算了吧。有時候在菜市場看到一些女人穿著高跟鞋，走路的步態像在踩高蹺，真是為她們捏把汗，為什麼要讓自己的身體那麼辛苦呢？

原諒我一生放縱不羈愛自由，還是穿平底鞋吧。

我的腳大，39碼，細長，腳背高，遇到一雙好穿的鞋

子很不容易，遇到了就會特別珍惜。除去遠家的自製鞋，這幾年還發現一個德國手工製鞋品牌「Trippen」，就像是專為我定做的，買了好多雙，從沒失敗過。

小白鞋是很友好的萬能穿搭，但對於腳大的人來說，白色稍不注意就會顯得腳更大。所以雖然對小白鞋有鍾愛，但也不是隨便一雙小白鞋穿上都好看，我就穿不好大家都愛的 Converse，但木墨出過一款有點米白的硫化膠底板鞋就很適合我。所以，人跟鞋子大概也是需要緣分的。

各類鞋中我最推薦深藍色帆布鞋，不知道穿什麼的時候，通常選它不會錯。

腳背高的人其實能駕馭樂福鞋（樂福鞋指的是無鞋帶的平底或低幫皮鞋），英文原詞是「Loafer」，「Loaf」一詞的本意指的是一種閒散的生活方式，而「Loafer」就代表著一群擁有這種閒適自在的生活態度的人。樂福鞋原本只是男性休閒鞋款中的經典款式，漸漸也在女鞋中占據重要位置。

老爹鞋之類的運動鞋也適合混搭各類衣服，但建議不要買那種過於鮮豔奪目的款式。

靴子，尤其是長靴，其實挺挑人的，我會比較慎重選擇。

少年錦時 襯衫

　　最經典的當然是白襯衫，像早晨一樣清白。

　　從 1920 年代，可可・香奈兒女士在男裝中汲取靈感設計製作了女士襯衫到今天，白襯衫從來沒有退出過日常衣服的大家庭。《羅馬假期》裡的赫本，《黑色追緝令》裡的舒曼都把白襯衫穿成了永恆的經典。再往近了看，坎城電影節上的鞏俐，白襯衫和黑褲的簡約造型，舉手投足間，既優雅又性感。

　　白襯衫就像畫布，可以和任何單品搭配。越是基本款的衣服，剪裁和面料就越重要。比起白 T 恤，白襯衫還要更講究。保險經紀人和知性女人之間，可能就只隔著一件沒穿對的白襯衫。

　　個子小的女孩，白襯衫不要大領子，不管是尖領還是小圓領，領子都越小越好。胸部豐滿的女孩，胸前要避免多餘的細節。胖一些的女孩，選擇寬鬆款比較友好。扣子解開兩顆，呈現 V 領效果，能在視覺上拉升脖頸；也可以在襯衫內搭吊帶，這樣扣子能解開三顆。

如果覺得白襯衫不襯膚色，可加項鍊、圍巾或絲巾。

穿白襯衫一定要穿對內衣。膚色內衣比白色更適合有點透的白襯衫。輕薄的白襯衫要避免穿蕾絲胸罩，凹凹凸凸的花紋若隱若現，很容易扣分。

把襯衫兩邊下擺合起來打個結，或者把一邊下擺扎進褲子裡，都可以營造隨意的寬鬆感。如果喜歡隨性的「工裝風格」，試試把袖子挽起來到手肘，再往上就不對了。

我們再試試其他顏色的襯衫吧。我喜歡本麻色、咖啡色、軍綠色、深藍色，每個顏色衣櫃裡至少有兩件。材質首選是純棉，然後依次是亞麻、苧麻、棉麻混紡、絲麻混紡、真絲。

純棉要選擇高密度的，有型，但越穿越柔軟。

亞麻襯衫千萬別熨燙，要的就是那種皺巴巴的感覺，所謂的「落拓」氣質。

美麗的布，有感動人心的力量

　　身為設計師，靈感不是憑空而來的，很多時候，是用手觸摸面前的這塊布，才隱約看到那件未來的衣服。

　　我的兩個女兒，名字分別是練和素，練和素在古代都指白色的絹，練是熟絹，素是生絹。可見我對布有多偏愛。

　　一塊美麗的布有感動人心的力量。面料和人一樣，也有它的脾性和情緒，觸摸到了，找出來，用適合它的方式進行加工創造，就彷彿是把一件本來就存在的衣服呼喚出來了。

　　如果說麻是粗陶，那真絲就是上過釉色的瓷器，而棉介於兩者之間，是更中性的存在。

　　不同的面料穿在身上，感覺也很不一樣。對我而言，絲綢像愛人，棉布是朋友，而麻像極了那個外表溫順、骨子裡倔強的自己。

　　身為穿著者，對某種面料的偏愛也是風格的起點。

哪個女孩不愛花布呢

　　小娟有首歌叫〈紅布綠花朵〉，唱的是一個漂亮女孩要出嫁了，用花布為自己做衣裳，那種雀躍的心情。「一塊大紅布喲紅布綠花朵，花朵朵朵笑喲花朵朵朵笑⋯⋯」

　　但花布單看好看，卻並不是穿在任何人身上都好看。花布挑人，挑款式，做衣服的花布，花紋本身也是要挑的。

　　太花的花布不適合做連身裙，尤其長裙。太碎的碎花可以作為點綴，但要足夠精彩，比如一件搭配單色西裝只露出衣領的襯衫、一條方巾、一個髮圈。

　　花布已經很「花」了，衣服款式就要盡量簡單，如果有細節，讓細節藏在看不見的地方。

麻

　　麻是用各種麻類植物的纖維製作的布料。主要植物有亞麻和苧麻，另外黃麻、大麻、劍麻等也在一些國家和地區廣泛種植使用。亞麻是適合在北歐等微寒地區生長的植物，是人類最早使用的天然植物纖維，距今已有 1 萬年以上的歷史。苧麻也稱為「中國草」，長在中國高溫多濕地區，有「天然纖維之王」的美譽，它的纖維十分堅韌，不易腐蝕，也被叫做「軟黃金」。2019 年我在摩洛哥買到過兩張用劍麻纖維製作的披肩（蓋毯），光澤度很好，但不及亞麻、苧麻觸感細膩。

　　麻纖維比棉結實，也比棉有更高的光澤度。優點是涼爽，散熱快，吸濕放濕速度快。麻很適合製作夏天的衣物和寢具，我家裡的床品大部分是麻製品，即使在冬天，我也喜歡在麻質被窩裡醒來。在色彩上，布料所擁有的原始亞麻色就很好，染上靛藍又更沉靜幾分。

　　至於衣服，麻質襯衫是首選。袍子也很適合用苧麻或亞麻。選擇麻質衣服的時候，一定要注意寬鬆度，因為麻料的一大特性就是容易皺，回彈性差，如果緊貼身體，穿

一天下來，面料會隨身起褶皺。但如果有寬鬆度，褶皺就從「特性」升級成了優點。在袖口、肩部因人體動作出現的痕跡是很好看的。所以不要總想著熨燙一件亞麻襯衫，想穿得直挺，就不要選麻質的。

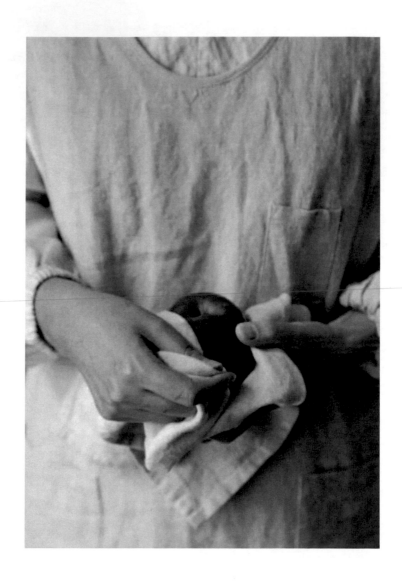

絲

　　義大利著名作家亞歷山德羅・巴里科（《海上鋼琴師》的原著作者），寫過一部小說叫《絲綢》。講的是十九世紀中期，受法國絲綢商人所託，一位退役軍人離開愛妻，赴日本購買蠶種，到日本後被一位貴族的小妾所吸引，儘管兩人語言不通，但宿命一樣的愛情還是開始了。小說裡多次提到了絲綢，像一個隱喻，絲綢就是那微妙的情慾。

　　絲綢最先出現在中國，並開啟了世界歷史上第一次東西方大規模的商貿交流，史稱「絲綢之路」。從西漢起，中國的絲綢不斷大批地運往國外，成為世界聞名的產品。在古代，製作絲綢是一項艱苦的工作，一塊絲綢的獲得，從養蠶開始，要經歷繰絲、織造、染整、精練、漂白、染色、印花等複雜的過程。「遍身羅綺者，不是養蠶人」，養蠶人大多穿棉麻吧，一是因為絲綢昂貴，二是絲綢並不適合工作時穿著。

　　絲綢也分很多種，每一種有它獨有的特點，了解得越細，越知道自己適合哪一種。

素綢緞。絲綢面料中的常規面料，緞面光亮，手感滑爽，組織密實。視覺上有很自然的光澤，在觸覺上手感柔滑、細膩，不會有毛糙的感覺，做睡衣很舒服。

歐根紗，也叫柯根紗。真絲製作的歐根紗比較昂貴，用來製作婚紗禮服等，有曼妙的童話色彩。我們偶爾也用歐根紗做柿子染和藍染，製成裙裝，與簡單款衣服搭配，能造成強調女性特質的效果。

喬其紗。綢面上密布細緻均勻的皺紋和明顯的沙孔。質地輕薄、手感軟、有彈性、透氣性和懸垂性良，適合製作襯衫。

織錦緞。經面緞上起三色以上緯花的中國傳統絲織物。手感豐厚，色彩豐富，適合做正式場合的禮服類旗袍。我們用它來做過背心，有意想不到的帥氣。

和古代相比，現代工業化為絲綢生產帶來了極大的效率，除了天然桑蠶絲，還有從植物纖維裡提取的銅氨絲，質感和真絲差不多，是可自然降解的再生纖維素纖維，很環保。

棉

棉是我的好朋友。

科學技術已經發展到可以生產出成千上萬種化纖面料，但我們還是會對天然面料有天生的喜歡和親近。這種親近和喜歡是來自身體的，也是來自心理的。

人類種植棉花作為紡織和衣著的原料，已經有 7,000 多年的歷史了。棉花的原產地是印度和阿拉伯，中國是在宋代開始有棉花傳入並開始大面積種植的，在此之前只有可供充填枕褥的木棉，沒有可以織布的棉花。宋朝以前，中國只有帶絲旁的「綿」字，沒有帶木旁的「棉」字。

僅僅是寫下「棉」這個字就讓我覺得安心和舒服。棉花長在枝頭的樣子也很美，我家門廳有一束乾花，是自己製作的，材料分別來自老家的麥子、高粱和新疆朋友寄來的棉花。

可能很多人都會以為我家花瓶裡插著的幾枝「棉花」就是棉花這種植物開的花，其實不是的。棉花真正的花朵是乳白色的，開花後不久轉成深紅色然後凋謝，留下綠色

小型的蒴果，稱為棉鈴。棉鈴內有棉籽，棉籽上的茸毛從棉籽表皮長出，塞滿棉鈴內部，棉鈴成熟時裂開，露出柔軟的纖維。也就是說，白色的花朵一樣的「棉花」，是棉花這種植物隨果實長出的纖維。

白色的棉花纖維製成棉紗，用棉紗線織成的布就是棉布。相對於麻，棉布更保暖，穿著的舒適度更高，也更適合天然染色，用靛藍在純棉布上染出的顏色比在麻布上更鮮豔。

我們在購買棉製品的時候，通常會隨口問一句，是不是純棉的？好像加了一點別的雜質，那個「棉」字的美感和舒適感就會打折扣。事實上，絕對的「純棉」是不太可能的。純棉布也是相對於滌棉等混紡布而言的，純棉泛指以棉花為原料紡織而成的布料，它是用棉紗與棉型化纖混紡紗織成的織物，一般含棉量達到 70% 以上，我們就可以叫它「純棉布」。

羊絨

　　一位朋友跟我說，自從有一年冬天斥巨資買了一件羊絨衫，從此就再也不想穿別的衣服過冬打底了。羊絨衫的好，穿過了才知道，雖然價格不菲，但那是獻給自己的溫柔。它輕、薄、軟、糯，重點是最後一個「糯」字，別的面料很難如羊絨般的感覺。

　　分享一個你可能不太了解的知識點：羊絨是長在山羊外表皮層，掩在山羊粗毛根部的一層薄薄的細絨，入冬寒冷時長出，抵禦風寒，開春轉暖後脫落。只有出自山羊身上的絨叫羊絨，出自綿羊身上的叫羊毛，職業上叫綿羊毛，綿羊毛即使很細，專業上也叫它羊毛，而不叫絨。

混紡

　　顧名思義，多種材料混合紡織的面料就叫它「混
紡」。在工藝技術不斷發展的今天，混紡也是各種面料開
發者不斷探究和實踐的領域。好的天然材料混紡織物，能
夠採各種材料之長，同時也避免了缺點。

　　比如絲和麻的混紡，也就是我們常說的絲麻，光澤度
比麻好，也不容易起皺，且多了 ·絲純麻料沒有的精緻，
但精緻程度又不至於像絲那樣刻意，可以用來製作很多款
式的衣服。

　　而棉和麻的混紡，使麻料的舒適度得到了改善，更柔
軟和親膚的同時，保留了麻質的「筋骨」。

家居服也可以很好看

在家裡也要考慮「應該穿什麼」這回事。

家居服代表放鬆模式的開啟。據說有很多女性回家第一件事不是脫鞋，而是摘掉胸罩，尤其在炎熱的夏天，換上家居服，自由的氣息撲面而來。

換上家居服是一種明確的心理暗示：我們終於從外部世界回到家裡了，再也不用應付任何人了。

家居服和睡衣是有區別的，在英文裡，家居服是「loungewear」，直譯是「起居室的穿著」，也稱「客廳裝」，是指在私宅的公共區域的穿著，不一定是待在家裡，而是有居家的心理狀態。家居服也可以短暫地穿到室外去（比如樓下社區信箱），所以，穿著舒適但又長得不像家居服的家居服是我的最愛。

家居服和睡衣是有區別的，儘管有人喜歡二合一。另外，回到家隨手拿一件老公寬大的 T 恤就當家居服了，我覺得這是對自己很不負責的表現。也有人喜歡將運動裝當作家居服，舒服程度確實差不多，但若要認真一點對待這

件事，就還是準備一兩套能給自己帶來好心情的、真正的家居服吧。

面料還是喜歡棉和麻，畢竟在家裡要做家務，穿絲質的就沒那麼有勞動者氣質。穿上棉麻，做簡單重複的體力勞動，耳畔響起喜歡的音樂，大腦在做事的過程裡得到徹底的放鬆和休息，這是一天中我最喜歡的時刻，類似於給自己小小的褒獎。

伍爾芙說：「女人都應該有一間自己的房間。」她在她的房間裡寫下：「夕陽西下，清晰的輪廓消失了，寂靜像霧靄一般裊裊上升、瀰漫擴散，風停樹靜，整個世界鬆弛地搖晃著躺下來安睡了⋯⋯」

既然房間都有了，那就好好選件家居服給自己吧。

背心，給你一個結實的擁抱

　　功能性與美感的統一平衡，說的就是它 —— 一件可隨意搭配的背心，有時候也叫「馬甲」。如今我們對衣服的稱謂越來越隨意，穿在裡面的是背心，但也會被叫做「內搭」或「打底」，套在外面的也是背心，但稍微正式的款式，尤其對襟的，就會被叫做「馬甲」。不管啦，反正就是那種「給你一個結實的擁抱」的功能性單品。

　　可以說背心一年四季都是好朋友一樣的存在。如果全身素色，一件出色的背心能提亮整個裝扮。春秋季冷熱不定的時候，背心方便隨意穿脫，而且不像披肩那麼挑人挑場合，脫下來還不占地方。喜歡穿連身裙，但上下身比例不是那麼協調，或者覺得自己腰不夠細，一件長度合適的背心就能做到很好的統一和分割。如果你覺得連身裙的女人味過重，背心還能中和這種「過分」的感覺，溫柔中帶出幾分颯爽。

圓點和條紋衫，永恆的少女和少年

　　條紋衫之所以叫做「Breton Stripes」，是因為它在法國 Brittany（布列塔尼）地區誕生，「Breton」就是指當地的人或者物。曾經在這個地區旅行過，景點的紀念品售賣點一定不會少了經典的條紋衫。

　　要說將 Breton Stripes 帶到全世界，那是香奈兒女士的功勞。在一次航海的旅行後，香奈兒從水手的服裝中獲得靈感，在 1917 年推出了航海系列服裝，正式將條紋衫引入時尚界。香奈兒的好友 —— 畫家畢卡索也是 Breton Stripes 的愛好者，另外瑪麗蓮・夢露、奧黛莉・赫本等明星都穿著 Breton Stripes 在電影或是雜誌中出現。從那時到現在，條紋一直是經典中的經典。

　　圓點起源於中世紀的歐洲，一開始主要用於一種叫 Polka（波卡舞）的服飾，十九世紀開始走入日常生活，成為人們喜愛的服飾元素。風格偶像戴安娜王妃就毫不掩飾自己對圓點的喜愛，留下了許多經典的圓點造型。

　　說到圓點，當然不能忘記藝術家草間彌生。在自述

書《圓點女王：草間彌生》中，草間彌生回憶幻覺給她最初的藝術創作帶來了靈感。從孩提時代起，她就一直在畫圓點，用這個簡單、重複的圖案一遍遍地慰藉自己的心靈。對她來說，圓點是立體的、無限的生命象徵，「我想透過圓點構成的和平在我的心靈深處發出對永恆的愛的憧憬」。

條紋衫清新但不刻意，帶一點時尚度又不過火。最喜歡的條紋衫還是棉質的，總覺得其他材質的條紋衫都不叫條紋衫，更何況麻的和真絲的都容易皺，也很薄，不符合條紋的少年感。

圓點的適應性就大些，裙裝、襯衫、裙褲……但好像不能做條紋衫那樣的 T 恤。真是奇妙，每種圖案都帶著它自身的性格和氣質。

在我心裡，條紋是少年，圓點是少女，永恆的少女和少年。

連身裙

　　小時候，在我生活的周圍，物質相對匱乏，連身裙是一件特別的衣服，它直接代表愛美，而在那樣的年代，愛美並不是可以拿出來大張旗鼓宣揚的。那時候上小學，誰在春天第一個穿上裙子，是一件比誰期末考第一名要轟動得多的「大事件」。

　　關於追求美，人們對它有很多複雜的情緒。每個人都愛美，但沒有幾個人能大方承認這一點。

　　乍暖還寒時，我們幾個好朋友都在暗中觀察有沒有人穿上裙子。如果今天有，那我們明天就可以正大光明地穿了。明明天氣已經足夠溫暖來穿一條迎風招展的連身裙了，就是沒人成為那第一個。

　　「要不我們明天一起穿吧！」這句話一說出來，幾個好朋友都說好。

　　就這樣，我們幾個小女孩一起穿上了裙子。自那天以後，大街上、校園裡，穿裙子的人慢慢多起來，春天好像這才真的來了。

　　後來，哪裡還有當年這種穿裙子的心情呢？一年四季我們想穿就穿，連身裙的款式也多得讓人眼花撩亂。但兒時那種忐忑和試探的美好，再也沒有了。

　　現在的我很少再穿兒時那種收腰連身裙，但衣櫥裡還是有好幾條，每年翻出來穿幾回，是留給自己的、隱祕的歡愉。

萬能全棉打底衫

　　體形偏胖的人，建議穿襯衫時在裡面搭配一件打底衫，穿的時候解開襯衫三到四顆扣子。灰色系列的打底衫可以準備三到四個不同的灰度，偏冷的、偏暖的、深色的、淺色的，基本就夠用了。當然，根據季節不同，還分為長袖、短袖和背心。

好的配飾真的能畫龍點睛

　　帽子、披肩、圍巾、首飾、手錶、皮帶……哪個女人的衣櫥裡沒有這些東西呢？哪怕你和我一樣奉行簡單原則，也還是在一些時刻希望身上有那麼點不經意的小心思，不用力但也足夠細心對待自己。

　　過於簡單、普通的衣服，想提亮一下心情，一串項鍊就能解決問題；披肩和圍巾可以增加女人味，還有保暖的功能；有時候懶得打理頭髮，戴個帽子就可以變出好造型……

　　好的配飾真的能畫龍點睛，就算做不到如此，也至少錦上添花。就算別人看不到也沒關係，有時候女人佩戴首飾僅僅是為了取悅自己。

衣櫥辦公室

　　衣櫥的功能不僅僅是收納衣服，它真正的價值是幫助你達成「方便挑衣服」的目的，與收納相比，它更像為挑選一種叫做衣服的物品而專門設置的「辦公室」。整理衣櫥看起來是在花時間，實際是為我們選擇衣服節省了大量的精力。每到換季的時候，把自己的衣櫥打開，認真歸類清理一次，也許只花掉半天的時間，卻可以讓你在接下來的三、四個月裡知道自己有什麼、應該穿什麼、還需要補充什麼。

　　最糟糕的事情莫過於早上醒來，發覺上班時間就要到了，或者約好了某個重要的人，卻不知道今天應該穿什麼。手忙腳亂鑽進衣櫥胡亂選擇的結果，是我們一天都感覺穿得不像自己。

　　整理衣櫥的過程，其實也是一個認識自己的過程。你會更加明確個人風格是怎麼回事。那些放在衣櫥角落幾年都不碰的衣服就趕緊扔掉吧。（真奇怪，好像每個女孩都會買下一堆從來不穿但下次還是要買的衣服。）

　　整理完畢，你一定發覺你擁有的東西比你想像的多很多。可以有一進一出的原則，就是說，在接下來的日子裡，每買一件新衣服，就必須先考慮衣櫥裡的哪件衣服需要「替換」。要記得，把不必要的東西扔掉，是一次成長的儀式。斷捨離的目的不是讓我們清空收納櫃，好繼續買買買，而是讓我們清楚地知道自己需要什麼，不需要什麼。

　　整理時把衣服分類，上衣、下裝自然要區別開，同時相同功能的衣服用顏色來劃分區域，這樣會給每天的搭配帶來便利。基本款請放在最方便取用的地方，這些單品一定是使用率最高的。

　　對我來說，整理衣櫥是一件特別享受的事情。簡單勞動讓人身心放鬆，而且把衣櫥收拾好，就像把自己內心的房間整理清爽了一樣。所以，心情好的時候我喜歡整理，心情不好的時候，我知道我需要做一點類似於整理的工作。

必要的色彩知識

我們都知道服裝搭配的三色原則：

📖 原則一：同色系

將同色系的顏色搭配在一起絕不會出錯，如粉紅＋大紅、豔紅＋桃紅、玫紅＋草莓紅等這類同色系間的變化搭配可穿出同色系色彩的層次感，又不會顯得單調乏味，是最簡單易行的方法。

📖 原則二：對比色

對比色是兩類擁有完全不同個性的顏色，如紅和綠、藍和橙、黑和白、紫與黃等。若有意將對比色搭配在一起，就要注意對比色間的比例變化，選擇一種顏色為主色而另一種顏色為副色，很有點睛的效果，能將你的個性大膽展露。

📖 原則三：無色系

若真的還是搞不清楚這花花綠綠的顏色搭配間微妙的比例，就用黑、白、灰這幾種無色系的顏色來壓陣吧。無

論你穿了多麼鮮豔的衣服，只要配飾上選用單純的黑、白、灰，主次感一下子就突顯了，還能顯得高貴不凡。

我建議在此基礎上做一點點試探，沒有不適合的顏色，關鍵看怎麼使用。

我家裡的衣服黑白灰最多。黑色有瘦身的效果，顯得高級，但有時候也代表了冷漠；紅色很強勢，吸人眼球，但有時也溫暖；綠色讓人安心，我偏愛墨綠；粉色柔軟，女人味足，但我會避免太明亮的粉，肉粉或偏橘色的粉剛好；白色最顯材質，乾淨純粹，可以和任何顏色搭配；灰色一定要注意它的冷暖度，冷一點可能是水泥的冰冷，暖一點就是一杯卡布奇諾；深藍色知性、冷靜、清爽、成熟；淺藍色要慎重大面積使用，我的衣櫃裡除了條紋衫，還找不出別的藍色；黃色明亮，帶來好心情，但也不能太黃，否則會「躁」，最多到薑黃那個程度，不能再黃了；棕色，這些年很流行的顏色，具有厚重感、時尚感。

以上這些是我多年來穿衣服、做衣服過程中形成的一些認知。不過話說回來，對顏色的「感覺」其實是受到文化、社會心理甚至宗教、歷史等元素的影響，色彩也是比較出來的。單說一個「綠色」，我們無法講出它是偏冷還是偏暖，但我們可以說綠色比紅色冷、比藍色暖。講顏色的時候，我們更多是在講「關係」，要把具體的顏色放在

具體的關係中理解。

回到衣服的顏色上來，顏色並不是作為單一存在被我們看見的。衣服材質、款式和顏色的搭配是一個整體。一件具體的衣服又會被放在一個更大的環境裡。這些都是需要綜合考慮的。比如同樣的紅色，一件羊絨毛衣和一條真絲長裙放在一起，給我們感官的刺激是不一樣的。又或者，我們在黃昏夕陽的餘暉裡看見一個人穿藍色衣服和在陰雨天氣看到的感受也會不一樣。

所以，夏天的時候，我們偏愛淺色系；秋天會選擇大地色系與自然響應；冬天到了，穿得熱烈一些吧；至於春天，萬物復甦，百花盛開，一片生機的天地裡，白色就是最好的啦。

原研哉在《白》這本書裡說過一句話：「它們（顏色）其實是在一種更深的層次上，帶著物質本性中所固有的屬性，諸如質感與味道等一起被看到。人們是透過這些組合的元素看到顏色的。在此，對顏色的理解不僅是透過我們的視覺感官，更是透過我們所有的感官。」

黑白配，同色系，撞色搭……在了解一些必要的色彩知識之後，其實都可以試試，慢慢形成自己的風格。我始終相信，每一種方式，都可以找到熱愛的理由。

風格的練習

　　沒有人生來就知道自己適合穿什麼。風格即人格，是人的本質力量的外化。我們需要認識自己，以確立風格，同時也要做風格的練習，在不斷地試探中尋找當下最舒服的著裝。

　　風格也是流動的，正如一個人總在成長。穿衣服與自身成長緊密相關，甚至有時候，很難講清楚究竟是個人成長形成了自我風格，還是我們在風格形成中的努力不經意間塑造了人格。

　　最可怕的是風格的固化。可能是某一次偶然的嘗試，某種風格得到自己和周圍人的認可，於是就覺得「我是屬於這一種風格」，從此活在被一種風格侷限的裝扮裡。

　　我們最容易被自己的風格束縛，沒有比模仿自己更糟糕的了。要有風格，但是不受風格的束縛。膽子大一點，在保有過往風格的同時，接受新事物、新觀念，偶爾超出常規做一點溫柔的試探，讓自己的風格既一以貫之，又不斷進化，從而達到一種流動的達觀。

　　一般情況下，我會有風格喜好的傾向，穿出門的總是那一些衣服。但偶爾也希望自己嘗試完全不同的感覺，和閨蜜約會，就可以穿得大膽一點，這是我對自己進行風格練習的好機會。相反，在一些重要場合，我還是會選擇更確定的、好駕馭的衣服，那樣的話，穿衣服就不會成為我當天的負擔。

　　你的家裡需要一面誠實的鏡子。空閒的時候，不妨多注視鏡中的自己，多做搭配的練習。小時候我就喜歡一個人關在房間做這個遊戲：把自己的衣服和媽媽的衣服放在一起，再擺出紗巾、毯子甚至床單，對著鏡子變換造型。有時候被我媽撞見，會不好意思大半天。謝天謝地，現在我們可以更肆意地玩這個遊戲了，為什麼不試試呢？

　　確定一套固定搭配，再來第二套。每季花一個下午，或者每週早起一天去練習搭配，這樣的安排不僅好玩，還合理，能讓日後的穿搭變得更簡單，有更多選擇的餘地。

　　塑造風格不等於買一堆新衣服。無止境的消費並不會讓人快樂，也不會讓人變得有風格。這是一個按照生活方式去購物的時代，我們不是為了買而買。買那些自己真正需要的東西，而不是想要的。哪怕價格貴一些，但因為穿著率高，用「每天為衣服花幾塊錢」的算法試試，其實並

不貴。

　　穿衣不是物質需求，在今天，穿衣本質上也應該是一種精神生活。個人風格應該不斷進化。

　　如果進行了風格的練習，忙亂的狀態就可以避免。買合身的衣服，為天氣做好準備（沒有壞天氣，只有不合適的衣著），穿舒服的內衣。

　　在穿衣服這件事上，我也有過慘痛的經歷。最糟糕的是，被錯誤的著裝觸發而產生不適和挫敗感，最糟糕的莫過於整晚都覺得穿得不像自己。

　　2015 年，全家遷移到北京，從南方城市到天寒地凍的北方，對這裡有很多錯誤的想像。剛到那段時間，有一晚朋友請吃火鍋，說是在胡同裡一家當地人愛吃的小店。我腦子裡浮現的是成都街邊「蒼蠅館子」的樣子，第一反應是好冷啊。

　　出門的時候，我在保暖內衣外穿了件夾絨長袍套頭衫，外面還加了一件羽絨。到火鍋店裡，坐下 5 分鐘我就知道完了。火鍋店裡暖氣十足，脫掉羽絨外套根本沒用，夾絨套頭衫和保暖內衣把我裹得嚴嚴實實，套頭衫當眾脫掉太不雅觀，最要命的是，即使跑進廁所脫，露出的也是保暖內衣，怎麼行！看看別的朋友們，短袖 T 恤、

襯衫，最厚的也就是穿了件薄毛衣（可隨意穿脫的開衫外套）……那頓火鍋，我根本不記得是什麼味道。

再反觀一些北方朋友，初到南方，以為冬天多舒服呢，誰知道進酒吧喝酒也會因為穿少了冷得瑟瑟發抖。

以上兩個例子比較極端，但是仔細想想我們的身邊穿著與環境不協調的大有人在：去鄉下郊遊穿細高跟鞋、與小朋友玩樂穿蹲下容易走光的短裙、參加茶會在一片素色中著玫紅色的呢大衣……

風格的練習、搭配的實踐、對各種環境的準備，可以為我們帶來輕鬆和愉悅，更可以讓簡單變得不凡。總體來講，穿搭規範可以寬鬆一點，但絕不是隨心所欲，單品的巧妙結合可以讓我們衣著自然，且毫不費力。

我這個普通人的 OOTD

穿的是衣服
搭配的是心情

和羅小姐關於「優雅」的對談

羅小姐，羅思

　　導演，編劇，製片人，演員，時尚撰稿人，專欄作家，四川電影電視學院副院長。《回到愛始的地方》編劇，策劃電影《聽風者》獲得香港電影金像獎、臺灣金馬獎提名。愛舊物，愛旗袍，愛復古時尚，追求「內在的優雅」。

　　出版圖書《優雅的節點》。

Q：妳是誰？做過什麼？正在做什麼？

A：我是寧遠，也是寧不遠。做過導遊、教師、記者、主持人、製片人、演員、寫作者、裁縫。目前最主要的事情是做三個孩子的媽媽。

Q：用三個詞形容一下自己。

A：勇敢，樸素，天真。

Q：從起床到出門最快用過多長時間？

A：最快 10 分鐘。

Q：妳的包包裡永遠帶著什麼？

A：紙巾。

Q：穿衣準則分享一下？

A：首先是取悅自己。

Q：推薦一下妳的護膚心得與瘦身方法。

A：睡眠充足皮膚才好。瘦身跟毅力有關，要做到少吃多動。

Q：有沒有堅持了 5 年以上的熱愛？

A：閱讀、寫作、做衣服、畫畫，很多啊。

Q：最想和哪個作家交換靈魂？

A：村上春樹，準確地說我想交換那顆敏感又自律的心。

Q：妳相信內心會影響容貌嗎？

A：相信。

Q：妳如何理解美？

A：美而不自知，我覺得特別美。

Q：這不是優雅最好的時代，為什麼還要強調優雅？

A：越是缺少越是珍貴。

Q：妳最欣賞的幾位優雅女性是？

A：我奶奶，張愛玲，翁茹（我大學時代的老師）。

Q：優雅是一個人帶給他人的特有的氣氛，妳如何形容羅小姐式的優雅？

A：我記得有一次採訪羅小姐，在舞臺上，她從容舒緩的說話方式給我留下深刻印象。那次採訪是關於自己的父母，聽她講自己的雙親，現場包括我在內的很多觀眾都流下了眼淚。我坐在一旁感覺到羅小姐的深情和動情，但是她依然那麼優雅，讓我感覺到某種有教養的控制，好有魅力。

Q：關於美好生活方式和優雅小物的清單是？

A：早起。

早睡。

鍛鍊身體。

愛自己。

擁有獨處的時間。

原諒別人。

多說謝謝。

至少種兩盆植物，定期為它們澆水。

電子書購買

國家圖書館出版品預行編目資料

素與練：日常的衣服，俏皮圓點、經典條紋、
個性牛仔、優雅印花 / 寧遠 著 . -- 第一版 . -- 臺
北市：崧燁文化事業有限公司 , 2023.07
面；　公分
POD 版
ISBN 978-626-357-448-9(平裝)
1.CST: 服裝 2.CST: 衣飾 3.CST: 生活美學
4.CST: 生活指導
423　　　　112008978

素與練：日常的衣服，俏皮圓點、經典條紋、個性牛仔、優雅印花

臉書

作　　　者：寧遠
發 行 人：黃振庭
出 版 者：崧燁文化事業有限公司
發 行 者：崧燁文化事業有限公司
E - m a i l：sonbookservice@gmail.com
粉 絲 頁：https://www.facebook.com/sonbookss/
網　　　址：https://sonbook.net/
地　　　址：台北市中正區重慶南路一段六十一號八樓 815 室
Rm. 815, 8F., No.61, Sec. 1, Chongqing S. Rd., Zhongzheng Dist., Taipei City 100, Taiwan
電　　　話：(02) 2370-3310　　傳　　　真：(02) 2388-1990
印　　　刷：京峯數位服務有限公司
律師顧問：廣華律師事務所 張珮琦律師

定　　　價：450 元
發行日期：2023 年 07 月第一版
◎本書以 POD 印製